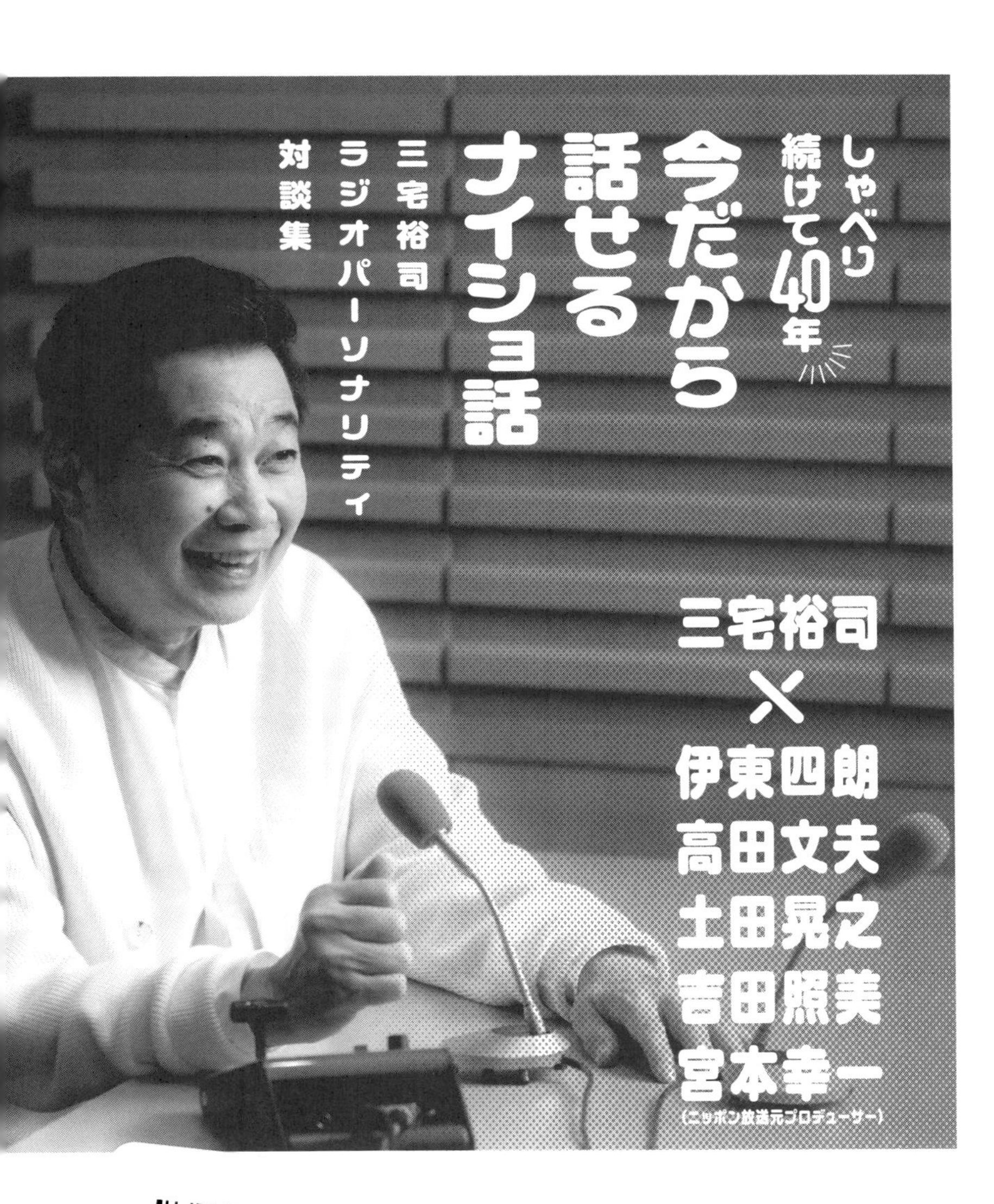
しゃべり続けて40年
今だから
話せる
ナイショ話
三宅裕司
ラジオパーソナリティ
対談集
三宅裕司
×
伊東四朗
高田文夫
土田晃之
吉田照美
宮本幸一
（ニッポン放送元プロデューサー）

JN198685

社

しゃべり続けて40年
今だから話せるナイショ話
三宅裕司ラジオパーソナリティ対談集

（目次）

×三宅裕司

ラジオパーソナリティになるまで

×伊東四朗

喜劇役者・伊東四朗と「東京喜劇」を引き継ぐ三宅裕司のラジオ論

×高田文夫

人の意見は聞かない。時代に合わせることもない。
自分のスタイルを貫くことが共通項

×土田晃之

『ヤンパラ』のヘビーリスナーだった中学生が、
『オールナイトニッポン』のパーソナリティになり、
いまやニッポン放送の日曜お昼の顔に

✕吉田照美

打倒ニッポン放送の吉田照美VS打倒文化放送の三宅裕司

勝利はどちらの手に

×宮本幸一

三宅裕司の人生を変えた『ヤンパラ』は、僕の人生も変えてくれた番組

三宅裕司

ラジオパーソナリティ
に
なるまで

一九五一年、東京都生まれ。「劇団スーパー・エキセントリック・シアター（SET）」主宰。「熱海五郎一座」座長。ラジオ『三宅裕司のヤングパラダイス』（ニッポン放送）で中高生に絶大な人気を得、『三宅裕司のいかすバンド天国』（TBS）や『THE夜もヒッパレ』『どっちの料理ショー』（ともに日本テレビ）をはじめ、数々の番組を盛り上げるマルチエンターテイナー。映画では、『サラリーマン専科』シリーズ、『結婚しようよ』、『釣りバカ日誌14』などで喜劇役者としての評価を得、『壬生義士伝』ではシリアスな演技が評価され「第27回日本アカデミー賞」優秀助演男優賞を受賞。現在もラジオ『三宅裕司 サンデーヒットパラダイス』（ニッポン放送）に出演中。

子どもの頃から目立つのが大好きなクラスの人気者

この本は、錚々たるラジオパーソナリティの方々を招き、わたくし三宅裕司が聞き手となって、ラジオをテーマにした貴重な対談の数々を収録したものです。本編に入る前にまず、聞き手である私がラジオパーソナリティになった経緯を、そして、その根幹となる劇団の立ち上げや、さらにさかのぼって、私がどのような道をたどり、芸能の世界へ足を踏み入れることになったのか、自己紹介も兼ねて、お話ししていこうと思います。

私が生まれ育った三宅家は、東京都千代田区神田神保町、父は国鉄技術研究所に勤める公務員でした。その父親が八ミリ映画作りを嗜む趣味人で、母親は日本舞踊のお師匠さん。身内には松竹歌劇団に所属していた叔母や、芸者の置き屋を営む叔母もいて、正月など親戚が集まる時には賑やかな宴が行われていました。私はそんな集まりの中でも率先して輪の中心に躍り出て、注目を浴びるような子どもでした。

明治大学付属高校に進学してからも、常にバカなことをして目立つことばかり考えていました。そして放課後はバンドと落語に明け暮れました。その後、明治大学に入学してからは、落語研究会で落語もやりながら、ジャズコンボとコミックバンドをやっていました。「高校、大学と落語をやっていて、なぜ落語家にならなかったんですか?」とよく訊かれますが、落語界に入るとしきたりや先輩方との付き合いとかが大変そうだし、それにずっと正座してるより、音楽を入れて動き回るような舞台をやりたかったんです。

大学を卒業したあとは、日本舞踊をやっていた母親の知り合いのツテで、日本テレビタレント学院に入りました。入ったはいいものの、周りの生徒たちは子どもばかり。大学も出て二十歳を過ぎている自分は馴染めなくてすぐにやめたのですが、タレント学院の先生にケーブルテレビの司会の仕事を紹介してもらいました。

その頃、多摩ニュータウンに旧郵政省がケーブルテレビの実験放送をやる局を作ったんです。いろんなテレビ局やラジオ局の人たちが出入りしていて、私はそこで毎日生放送の司会と番組制作の仕事をしていました。その中にニッポン放送から出向している方がいまして、「三宅くん、面白いからラジオやってみない？」と言われたのが、ラジオに出る最初のきっかけです。その方の紹介で、初めてラジオの仕事をしたのが、関口宏さんがパーソナリティをしている『ハッピーサタデー』[1]という番組の外回り。リポーターとしてラジオカーに乗って、いろんなところへ行きました。

ラジオの経験はそれで終わりまして、やっぱり喜劇がやりたいと思っていたので、日本テレビタレント学院をやめたあとは、上方喜劇の花登筺（はなとこばこ）[2]さんのところへ行きました。東京にも東八郎[3]劇団とかはありましたけど、募集が全然なくて。花登筺喜劇の制作室へ行って「入りたいんですけど」って言ったら、ちゃんとオーディションを受けてくださいって言われて、そのまま受けずに終わっちゃいましたね。

そのあとは、大竹しのぶさんもいた「東京新社」という事務所の社長の才賀明[4]さんという脚本家が、東京で喜劇の劇団を作るというので、その劇団に参加したんです。最初は「東京新喜劇」と名乗っていたのですが、すでにポール牧[5]さんが同じ「東京新喜劇」という劇団をやっていたので、こちらは改名して「大江戸新喜劇」と名乗って。でも、私はその劇団の脚本が好きになれませんでした。

当時、新宿に「パイガーデン」という店があって、パイを売るだけじゃなく、ウェイターやウェイトレスが歌ったり踊ったりするステージがあり、そこでコントをやっている「少年探偵団」[6]というグループにも所属しました。ただ、ここの脚本もあまり好きになれなかった。

ある時、その少年探偵団の脚本を書いている方に言われたんです。「自分のやりたい笑いが固まっているなら、どこに行っても無理ですよ」って。つまり、自分で作るしかないってことですよね。それで、大江戸新喜劇に参加していた劇団員を十五名ほ

---

[1]『ハッピーサタデー』　一九七五年十月から二年間放送された関口宏、白石冬美司会による土曜午後の生ワイド番組。この時間帯で一九九〇年四月から三宅司会による『三宅裕司のどよ~ん!』がスタート。[2]花登筐　『やりくりアパート』『番頭はんと丁稚どん』『細うで繁盛記』『アパッチ野球軍』『どてらい男』などで知られる劇作家。「笑いの王国」など自身で劇団も主宰した。[3]東八郎　「がんばれ、強いぞ、僕らのなまか~」などのギャグで大人気を博したコメディアン。浅草フランス座などで活躍し、小島三児らとトリオ・スカイラインを結成。解散後は東八郎劇団を結成し、笑塾では後進の育成にも力を注いだ。次男は東貴博。[4]才賀明　日活映画やドラマ『おくさまは18歳』など数多くの作品を手がけた脚本家。[5]ポール牧　「指パッチン」のギャグで知られるコメディアン。関武志とコント・ラッキー7を結成。俳優としても活躍し、松田優作監督作品『ア・ホーマンス』ではヤクザの親分役を演じた。[6]「少年探偵団」　三宅らが結成したコントグループ。三宅脱退後、現在のボイスパーカッションで歌謡曲を演奏する「人間カラオケ」で人気を博す。末期には劇作家、演出家、ミュージシャンのケラリーノ・サンドロヴィッチも所属。

ど引き連れて、一九七九年に「劇団スーパー・エキセントリック・シアター」(＝SET(エスイーティ))[7]を立ち上げたのです。

高橋幸宏さんの抜擢で『オールナイトニッポン』に

SETの活動を始めて一年くらい経った頃、一九八〇年に映画『ブルース・ブラザース』[8]がヒットしました。そうしたら、大江戸新喜劇にマネージャーとして関わっていた出口孝臣[9]さん、のちにアミューズの副社長になる方ですけど、その方から連絡がありまして、「日本で『ブルース・ブラザース』をやるなら三宅くんしかいない」みたいなことを言われたんです。実はこれが三宅裕司の人生を変える運命の電話だったんですけど。でも私はもう自分で劇団をやっていたので、「ミュージカル・アクション・コメディの劇団をやっているので観に来てください」と伝えました。

出口さんは大江戸新喜劇のあと、フィルム・イレブンという自分の事務所を立ち上げていました。そして、SETを観た出口さんの誘いを受けて、劇団ごとフィルム・イレブンに所属することになりました。ここから出口さんは自分の持っているノウハウをフルに回転させて、三宅裕司とSETの売り込みが始まったんです。その一環として、ニッポン放送にも営業したんですね。当時ニッポン放送にあった銀河スタジオを使って、社員のプロデューサーやディレクターを呼んでSETの公演を打とうってことになったんです。

その頃、SETの本公演を観て、声をかけてきたのが、のちに数々の『オールナイトニッポン』[10]や『ヤングパラダイス』[11]を手がけることになる、宮本幸一[12]さんで

---

[7]「劇団スーパー・エキセントリック・シアター」 三宅裕司、斎藤洋介を中心に、一九七九年に結成された劇団。三宅が理想とする、音楽と笑いを融合させた「ミュージカル・アクション・コメディ」を標榜し、これまでにない新しい笑いの舞台を展開し、人気を博す。二〇二四年には創立四十五周年記念公演『ニッポン狂騒時代～令和JAPANはビックリギョーテン有頂天～』を東京、神戸で全十六公演上演。[8]『ブルース・ブラザース』 アメリカの人気番組『サタデー・ナイト・ライブ』でのジョン・ベルーシ、ダン・エイクロイドによる人気コーナーをジョン・ランディスのメガホンで映画化したコメディ作品。アクション、ソウルミュージックのエッセンスを盛り込み、コメディ映画、音楽映画のエバーグリーンとして根強い人気を誇る。[9]出口孝臣 アミューズ元・取締役副社長。東京新社、大江戸新喜劇時代に三宅と出会い、三宅裕司、SETのマネージメントなどを歴任。[10]『オールナイトニッポン』 一九六七年から現在まで放送されているニッポン放送の深夜番組。局アナ、お笑い芸人、ミュージシャン、俳優と、各時代を象徴するさまざまな顔がパーソナリティをつとめ、ニッポン放送の看板番組として長く人気を誇っている。[11]『ヤングパラダイス』 一九八三年五月から九〇年三月までニッポン放送で放送されたラジオ番組。番組内容の詳細は本書をお読みください。[12]宮本幸一 三宅裕司を『ヤングパラダイス』パーソナリティに抜擢した元ニッポン放送プロデューサー。詳細は宮本幸一さんとの対談を参照。

した。

『ヤングパラダイス』については、本編の対談でもいろいろ話していますし、特に舞台裏については元ニッポン放送の宮本幸一さんとの対談で、番組の内容についてはヘビーリスナーだった土田晃之くんが詳しく語ってくれていますので、そちらをお楽しみください。


宮本さんからのオファーを受けて、アラジンの高原兄[13]さんがパーソナリティをつとめる『ヤングパラダイス』の一コーナーとして、ラジオでコントをやる五分間の「SET劇場」が始まりました。パイロット版はたしか、当時笹塚にあった下宿で録音したんじゃないかな。私が台本も書いて。覚えているのは「取り調べジョッキー」というコント。ラジオパーソナリティ役の私が「どうも皆さんこんばんは、取り調べジョッキーのお時間です。本日のゲストは、現在指名手配中の小倉さんです」とか言って、指名手配犯役の小倉（久寛）が「指名手配中なのにラジオに出て大丈夫なんですか!?」ってオドオドしながら入ってくるっていうコントです。

そして、その「SET劇場」を聴いてくれていたのが、当時『高橋幸宏[14]のオールナイトニッポン』をやっていたYMOの高橋幸宏さんと、番組の作家を担当していた景山民夫[15]さんでした。「SET劇場」が放送されていたのが、ちょうど『高橋幸宏のオールナイトニッポン』の打ち合わせの時間で、幸宏さんが「この人たち面白いから番組に呼ぼう」と言ってくださったらしく。それをきっかけに、SETが『高橋幸宏のオールナイトニッポン』のレギュラーに決まったんです。

幸宏さんとはラジオが縁で、その後もYMOのアルバム『サーヴィス』[16]でSET

---

13 高原兄　シンガーソングライター、作曲家。大学の仲間と結成したアラジンの「完全無欠のロックンローラー」が大ヒットし、『ヤングパラダイス』のパーソナリティに抜擢。『クイズ！ヘキサゴンII』からの企画ユニット羞恥心などの作曲も手がけた。14 高橋幸宏　武蔵野美術大学在学中にサディスティック・ミカ・バンドにドラマーとして加入。その後一九七八年に細野晴臣、坂本龍一とともにYELLOW MAGIC ORCHESTRA（YMO）を結成し国内外に大きな影響を残こした。『オールナイトニッポン』は一九八三年四月～十二月まで火曜深夜に放送。15 景山民夫　放送作家、小説家。放送作家として『クイズダービー』『タモリ倶楽部』などを手がけ、エッセイや小説など著書も多数。『遠い海から来たCOO』で第九十九回直木賞受賞。テレビ、ラジオにも数多く出演し、『オレたちひょうきん族』の「ひょうきんプロレス」ではフルハム三浦のリングネームで出演。試合中に肋骨を骨折した。構成を担当した『高橋幸宏のオールナイトニッポン』では大久保林清名義で出演。16『サーヴィス』一九八三年十二月に発売されたYMOのアルバム。YMOのアルバム『増殖』でのスネークマンショーとのコラボ同様に、各曲間にSETのコントパートが挿入される構成。このアルバムによりSETの知名度がさらにアップした。一九八四年には高橋幸宏プロデュースでSET単独名義によるアルバム『ニッポノミクス』がリリースされた。

がコラボレーションすることになります。ですから、幸宏さんは私のラジオパーソナリティ人生においても、大切な恩人です。

『高橋幸宏のオールナイトニッポン』というのは、当時ものすごい影響力がありましたから、SETの知名度はここでグンと上がりました。今でも覚えているのが、幸宏さんが生放送中に「座長（私・三宅のこと）、ずいぶん汚い筆箱使ってるね」と言ったんです。実際、一ダースの鉛筆を買った時に鉛筆が入っていた箱をそのまま使っていたので、「これ筆箱じゃないからね」って言われまして。そうしたら、ニッポン放送にリスナーからたくさん筆箱が送られてきましてね。ラジオの影響力ってすごいんだなって、初めて実感しました。その中に、手作りで「SET」と刺繍してある筆箱がありまして、しばらく使っていました。使わなくなった今でも大事に取ってあります。『高橋幸宏のオールナイトニッポン』のレギュラーになったことで、私もSETという劇団も、たくさんの人に知っていただくことになりましたが、惜しくも『高橋幸宏のオールナイトニッポン』は一九八三年に放送が終了します。

そして、その翌年、一九八四年に、前任の高原兄さんから引き継ぐ形で、私が『ヤングパラダイス』の二代目パーソナリティをやることになり、『三宅裕司のヤングパラダイス』が始まりました。

『ヤングパラダイス』は放送が月曜から木曜日まで、いわゆる帯番組というやつで、時間も夜の十時から十二時までの二時間、しかも生放送で、一コーナーとかではなく、メインをやるっていうんですから、これは大変なことです。

どうして私が抜擢されたのか、そのあたりの詳しい経緯は、この本に収録されている宮本さんとの対談でお話ししていますが、やはり劇団SETの公演を観て、宮本さんが感動したことが大きかったようです。

ちなみに、自分がいちラジオリスナーとして夢中になった番組でいうと、TBSラジオの『ナチチャコパック』[17]ですね。中学か高校生くらいの時。夢中になって聴い

[17] ナチチャコパック　TBSラジオで一九六七年から八二年まで、月曜から土曜深夜に放送された『パック・イン・ミュージック』。各時代、さまざまなパーソナリティが担当したが、木曜深夜は番組開始時から終了まで二十五年間、声優で俳優の野沢那智と白石冬美が担当し、「ナチチャコパック」の愛称で人気を集めた。八十年代に入り、同時間帯の『ミスDJリクエストパレード』(文化放送)や、「ナチチャコパック」の裏番組であった『ビートたけしのオールナイトニッポン』の人気が台頭し、「パックインミュージック」自体が二十五年の幕を下ろした。

ていた記憶はあるけど、それがいつだったのか、はっきり覚えていないのは、ある時期に集中して聴いていて、それ以外はあんまり聴いていなかったから。野沢那智さんが読むコーナーが好きで、白石冬美さんの笑い声もよかったなぁ。

フリートークの難しさを知った『ヤングパラダイス』

『ヤングパラダイス』が決まって、まず最初にやったことは、『オールナイトニッポン』パーソナリティの方々へのあいさつ回りでした。当時の『オールナイトニッポン』の面子はすごいですよ。あえて敬称略で言いますけど、月曜日は中島みゆき、火曜日は桑田佳祐、水曜は野村義男、木曜日はビートたけし、金曜が山口良一、そして土曜日が笑福亭鶴光。もう大スターだらけ。

私がゲストとして『オールナイトニッポン』に出演し、「このたび『三宅裕司のヤングパラダイス』というのが始まりまして」という報告をするのですが、めちゃめちゃ緊張しました。とにかく必死だったので、忘れていることも多いのですが、生放送中に桑田佳祐が私の台本をビリビリに破いたのは覚えています。『オールナイトニッポン』は、それだけフリートークの番組だったということでもありますね。

フリートークといえば、中でも『ビートたけしのオールナイトニッポン』[18]はケタ違いでした。今でも伝説として語り継がれていますが、当時はそりゃあもう大変な番組でしたから。多くの若者たちがラジオにかじりついて聴いているだけじゃなく、録音したテープを回し聴きして、リスナーはもちろん、ラジオのパーソナリティもたけしさんのしゃべり方に影響されていました。とてつもない速いテンポで、ものすごい毒のあることをしゃべりながら、その横で高田文夫さんがゲラゲラ笑う。それがラジオの正解だっていう雰囲気がありましたね。

なので私も『ヤングパラダイス』を始めた頃、宮本さんによく言われましたよ。「三宅さんのしゃべりは優しすぎるし、口調がきれいすぎる。若いリスナーを惹きつけるには、もっと突き放さなきゃダメだよ」って。完全にたけしさんの影響ですよね。で

18『ビートたけしのオールナイトニッポン』一九八一年元旦から九〇年一二月まで木曜深夜に放送された人気ラジオ番組。ビートたけしのフリートークとさまざまなコーナーで、高い人気を博し、ラジオ界に革命を起こした。構成作家として参加した高田文夫はたけしの相方的な存在として、絶妙な合いの手と笑い声で番組を盛り上げた。ほぼ年一回ペース、総集編も含めて計十一冊発売された番組本もベストセラーとなった。

も私はそういうしゃべりは一切できなかった。そもそも、フリートークというのができないというか、わからなかったんです。それに、古い考え方ですけど、昔の喜劇役者は私生活を見せないのが格好よかった。舞台の上では散々バカなことをやっているけど、楽屋から出てくるとすごい二枚目、そんな佇まいに憧れていたんです。

ともかく、私としては、それまでずっと演劇をやってきたので、まず台本があって、書かれた役を演じてきたわけだから、フリートークと演じる笑いの差がよくわかってなかった。ラジオでも、SETとしてコントをやってきたわけですから、フリートークを評価されたわけじゃない。演じる笑いでの評価は信じていたけど、フリートークは未知の領域でした。作家の景山民夫さんに「三宅さん、フリートークつまんないからね」って、はっきり言われたこともあります。でも、たけしさんのしゃべり方を真似することはできないし、若い人に合わせようっていう感覚もなかったんですよね。ずっと自分が面白いと思うものを信じてやってきたのだから、ここで曲げてもしょうがない。自信はないけど、やるしかない。

私は小学生の頃から人気者でした。自分で言うのもなんですが、クラスに一人はいるスターです。大学でも学園祭のスターでした。落語もうまいほうでしたし、大喜利でも爆笑をとってました。自分がやることは何でも面白いんだ、そういう環境で育ってきました。多くの芸人さんも、きっとそうだと思います。自分のことを面白いと思えなかったら、笑いのプロになろうとは思わないでしょう。当然、天狗にもなります。それが『ヤングパラダイス』でへし折られました。井の中の蛙でした。三十二歳の時です。

コーナーの書籍化、映画化など『ヤンパラ』は大人気番組に

フリートークができない私を救ってくれたのは、コーナーにネタを送ってくれるリスナーたちでした。狙ったわけではないけれど、コーナーは演じる企画が多かったんです。演じることだけは得意だったので、私はとにかく、リスナーが書いてきたネタを、文字よりも面白く演じることを常に心がけていました。中でも一番の人気コーナーは、やっぱり「あなたも体験　恐怖のヤッちゃん」（通称「ヤッちゃん」）ですね。ラジオ番組の一コーナーが書籍化されて、ベストセラーになり、のちに映画化までされました。

もともと「ヤッちゃん」は、私がスキーに行った時に、日光街道でヤクザの方と遭遇した実体験を番組で話したことから生まれたコーナーです。振り返ってみると、自分の体験をどうドラマとして伝えるか、というのを意識したしゃべりだった。つまり、「ヤッちゃん」というコーナーができる前から、トークで演じていたんです。ドスのきいたヤクザの雰囲気をしゃべりでどう表現するか、対峙する自分のひるむ様子を伝えるにはどうしゃべるのがいいか。それは演技です。そこからさらに、コワモテだったヤクザが失敗した時には、間抜けな声になればなるほど面白い。これが舞台や映像だと、間抜けな表情がついてきてしまうので、いかにもわざとらしい演技になってしまう。コワモテでドスのきいたヤクザも、間抜けな失敗をするヤクザも、聴いているリスナーそれぞれ自由に想像してもらったほうが、ストレートに面白さが伝わるんですよね。

コント番組と銘打たなくても、リスナーからのハガキを読むことが、そのまま演じることになり、演技によって笑いを生む。それが快感でした。

聴き手の想像力に委ねるという意味では、音楽やＳＥ（効果音）で笑いを作れるのもラジオのいいところ。電車が猛スピードでお茶の間に突っ込んでくるシーンだって、ラジオだったら音だけで表現できちゃう。これを映像で、ましてや舞台でやろうと思ったら、とんでもない予算とスタッフが必要になります。だから音のギャグもずいぶんやりました。そういう〝演技〟から生まれる笑いがコーナーとして当たったことで、フリートークが苦手な私でも、ようやく少し自信がついたように思います。

コーナーが当たってからは、毎週ハガキが紙袋いっぱいに届くようになりました。ハガキだけではなく、新宿アルタ前で「ヤンパラフル」という番組特製のラーメンを売るイベントを開催したら、人が集まりすぎて大変なことになりましたし、バレンタインデーにリスナーからチョコレートが届いたり。あの頃のアイドルは毎年バレンタインデーになると、チョコレートがトラック何台分とかって言われていましたけど、ラジオで顔もわからない三十過ぎの私のところにも、紙袋二～三個いっぱいに届きましたよ。

ある時なんかは、リスナーのお父さんがニッポン放送に来たことがありました。最初は当然、入り口の警備員さんに止められたのですが、次の日もやって来て、プロデューサーが対応しても納得せず、とにかく三宅裕司に会わせてくれと。聞けば、娘さんが熱心な『ヤンパラ』リスナーで、家出をしてしまったと。それで、ニッポン放送の三宅裕司のところにいるに違いない、だから三宅裕司と話をするまでは帰らない、っていうことだったんです。結局その時は、「ラジオというのはたくさんのリスナーに向けて話をしているので、娘さんにだけ語りかけているわけではありません。ですから、特別な関係もないし、もちろん、ここにもいません」というようなことを話して、納得してもらったのかな。この話はちょっと極端ですが、実際そう思わせてしまうくらい、ラジオには力があるっていうことを実感しましたね。

そんなこともありながら、番組開始から一年ぐらい経って、ようやく人気があるのかもしれないと思えるようになってきました。「かもしれない」というのは、ラジオにも聴取率という数字があるのですが、これがテレビの視聴率とは全然違うんです。当時のテレビは、人気番組だと視聴率が十五パーセントとか二十パーセントという数字を出していました。例えばフジテレビの『オレたちひょうきん族』[19]なんかは平均視聴率が十八パーセントとか、そんな時代です。

では、『三宅裕司のヤングパラダイス』の数字はどうだったかというと、聴取率二パーセントでスタッフは大喜び。三パーセントなんていったらもう、とんでもない大人気番組。のちに『ヤンパラ』は三・四パーセントという数字を獲得して、長年のライバルだった『吉田照美のてるてるワイド』[20]に勝つことになり、それこそニッポン放送の社内中が大騒ぎになるのですが、私だけがピンときてなかった。どうしてもテレビの視聴率が頭にあるから、ラジオにおける三パーセントという数字の意味が理解できなかったんです。この『吉田照美のてるてるワイド』との聴取率争いについては、のちほど吉田照美さんご本人とたっぷりお話ししています。

三宅裕司ブーム到来。忙しすぎて劇団ができずヤンパラ卒業へ

おかげさまで『ヤンパラ』が人気番組になったあとは、また別の問題が発生します。

---

[19]『オレたちひょうきん族』 一九八一年から八九年までフジテレビ系で放送されたバラエティ番組。ビートたけし、島田紳助ら、漫才ブームを牽引した漫才師や明石家さんまらをレギュラーに、裏番組の国民的人気番組『8時だヨ！全員集合』の作り込んだ笑いとは異なる切り口で番組を構成。人気コーナー「タケちゃんマン」や、アドリブや楽屋落ちなども多数盛り込んだ内容が徐々に視聴者に受け入れられ、八二年十月には『全員集合』を抜き、同時間帯の視聴率一位を勝ち取る。[20]『吉田照美のてるてるワイド』 一九八〇年から八七年まで文化放送で放送された生ワイド番組。詳細は吉田照美さんとの対談を参照。

スケジュールです。月曜から木曜まで夜の十時から生放送で、準備のために二〜三時間前にはニッポン放送に入って、金土日の週末は別の仕事をやって……。それに加え、所属事務所のアミューズはまだできて十年も経っていない頃でしたから、なんとかテレビのバラエティも開拓しなくちゃいけない。

『ヤンパラ』が始まったのが一九八四年の二月。それから二年後の一九八六年には、TBSで『テレビ探偵団』[21]が始まりました。そのあと一九八九年には『三宅裕司のいかすバンド天国』[22]（通称『イカ天』）も始まります。『テレビ探偵団』は視聴率十五パーセントを超えるような人気番組になり、『イカ天』も爆発的にヒットしました。世間ではバンドブームが起こり、一九八九年の新語・流行語大賞の流行語部門では「イカ天」が大衆賞に選ばれるほどでした。

ちなみに、事務所は当時人気絶頂だったフジテレビの『オレたちひょうきん族』にも売り込みをしたみたいなんです。ただ、番組の担当者から「今は来ないほうがいい。今来たらつぶされますよ」って言われたらしく、私が出ることはありませんでした。

テレビのほうでも人気番組を任されるようになったのは、やっぱり『ヤンパラ』の影響が大きいと思います。『ヤンパラ』のおかげで、世間で三宅裕司ブームみたいなことが起きていたんでしょうね。そうなると私のほうも、ラジオだけじゃないですよ、テレビの司会もできますよっていうので、突っぱって背伸びして、何でも必死でやりました。

だからあの頃はとにかく忙しくて、毎日ヘトヘトでした。そうなるともう、このスケジュールで劇団をやるのは無理だなって。劇団のために売れたくて、三十歳も過ぎて、スタートが遅い中でラジオを始めて、やっと人気が出てきてチヤホヤされて、芸能界のランクも上がってギャラも上がって、ファンレターも来るし、街を歩けば声をかけられるし、夢のような生活を送っていました。一方で、多くの劇団員はみんなアルバイトで生活しているわけですから、役者としてのレベルを上げるためには、いつか必ず給料制にするっていうのが目標だったんです。その目標は達成したんですが、

21『テレビ探偵団』一九八六年から九二年にTBS系で放送された三宅裕司司会によるバラエティ番組。懐かしのテレビ番組やテレビCMをゲストとともに紹介。この番組でしか見ることができないお宝映像が毎週放送され、人気を博した。22『三宅裕司のいかすバンド天国』一九八九年から九〇年にTBS系で放送された、三宅裕司司会による音楽番組。毎週十組のアマチュアバンドが出場するオーディション番組で、さまざまなジャンルのバンド、生放送ならではのハプニングなどが話題を呼び、「イカ天ブーム」として社会現象となった。

舞台を演出する時間がまったくなくて、たくさんの劇団員に迷惑をかけてしまったし、ＳＥＴ本公演のクオリティも落ちてしまいました。

それでも忙しいスケジュールは続いていきます。

それで、一九九〇年の三月に『三宅裕司のヤングパラダイス』は終了します。六年間というのは、ラジオ番組としてはそんなに長くはないと思われるでしょうけど、週一回ではなく、月曜から木曜の帯で、二時間の生放送ですからね。私の人生にとっては、ものすごく貴重で濃密な六年間でした。いや、私だけじゃないですね。テレビ局やラジオ局で働いている人たち、劇場で会った役者や舞台関係者、お客さんや街で出会った人たちも含め、これまで何人に「『ヤンパラ』聴いてました」って言われたことか。本当に今でも感謝しています。

演じる笑いがやりたい！　結局そこへ戻ってきた

『ヤンパラ』が終わったあとも、同じニッポン放送で、ラジオでしゃべる仕事はずっと続けています。『ヤンパラ』が終わった一か月後にはもう、新番組『三宅裕司のどよ〜ん！』（一九九〇年四月〜一九九二年三月）が始まって、そのあとは『裕司と雅子のガバッといただき‼ベスト30』（一九九二年四月〜二〇〇二年三月）、『三宅裕司のザ・ベスト30〝スゲェ！〟』（二〇〇二年四月〜二〇〇五年一二月）、『三宅裕司 みんなのヒット！ベスト20＋10』（二〇〇六年一月〜二〇〇七年九月）、『三宅裕司のサンデーハッピーパラダイス』（二〇〇七年一〇月〜二〇一一年四月）、そして現在は『三宅裕司 サンデーヒットパラダイス』（二〇一一年四月〜）と。一九八四年に始まった『三宅裕司のヤングパラダイス』から数えると、途切れることなく四十年が経ちました。

私は今年で七十三歳です。十代の頃から演じるお笑いがやりたくて、自分で劇団を立ち上げて、劇団を売るためにラジオを始めました。テレビでコント番組もやって、コント番組ができない時代には司会者をやって、バンドブームも芸人ブームも間近で見てきました。やがてテレビのレギュラーも減ってきて、そして今、残っているのがラジオと劇団です。最初に自分を世に出してくれたものと、最初に目指していたもの、その二つだけが残った。演じる笑い――結局ここに戻ってきたんです。

ラジオも劇団も、やめないどころか、二〇〇四年には「熱海五郎一座」[23]という新しい演劇まで始めてしまった。わざわざ忙しくする必要なんてないのに、いまだに演じる笑いがやりたいんです。

四十年間を振り返ると、恥ずかしい失敗もたくさんありました。毎日ヘトヘトになっていた頃、突っぱっていた頃、背伸びしていろんなことに手を出していた頃。劇団一筋でやっている人と比べると、私は全然一筋ではありません。でも、そのことで得たものがたくさんあります。失敗も後悔も、いい思い出が打ち消してくれます。これでよかったんだと思えます。舞台だけをやってきた人にはできないことが、自分にはできていると思える瞬間もたくさんあります。こう自分に言い聞かせてバランスをとってきました。

今のSETの舞台はもちろん、熱海五郎一座では、それこそ『オレたちひょうきん族』で闘ってきた人や、落語界の名人をまとめていかなくちゃならないわけですから、多方面での経験がないとできません。劇団を立ち上げた頃よりも、今のほうがずっと、多くの人やものに支えられていると実感します。

かつて、芸能の世界では、喜劇役者やお笑い芸人の地位は低かった時代がありました。スターといえば映画俳優。あるいは、ミュージシャンのほうが格上だった。そういった文化の差をひっくり返したのは、笑いの世界で才能を見せつけた先人たちであり、それを支えたのがラジオです。いまだにラジオは芸人の地位や価値を引き上げることに貢献していると思います。さらには、笑いの多様性がラジオの面白さもグッと引き上げています。

この本では、そんなラジオの魅力や歴史を、四人の現役ラジオパーソナリティと元プロデューサーの計五人と語り合います。それではどうぞ、お楽しみください。

23「熱海五郎一座」 二〇〇四年に伊東四朗と三宅裕司、ラサール石井、小宮孝泰、小倉久寛、東貴博、春風亭昇太らにより「伊東四朗一座」を旗揚げ。二回の公演の後、伊東が出演できなかったことから、「伊東」の手前に位置する「熱海」、「四朗」の次で「五郎」ということで「熱海五郎一座」として公演。「伊東四朗一座」「伊東四朗・熱海五郎一座合同公演」を含め、二十公演を上演。二〇二四年六月には伊東四朗、松下由樹をゲストに迎えた『熱海五郎一座新橋演舞場シリーズ第10回記念公演東京喜劇「スマイル フォーエバー～ちょいワル淑女と愛の魔法～」』を上演。全三十公演、連日満員で幕を閉じた。

×伊東四朗

喜劇役者・伊東四朗と「東京喜劇」を引き継ぐ三宅裕司のラジオ論

一九三七年、東京都生まれ。石井均一座に参加。三波伸介、戸塚睦夫とのトリオでステージを重ね一九六二年から「てんぷくトリオ」としてテレビなどに進出、人気を博した。七〇年代中盤から『みごろ！たべごろ！笑いごろ!!』、「電線音頭」でのベンジャミン伊東など、バラエティ、ドラマ、映画、ラジオ、CMなど多方面で活躍。代表作にNHK連続テレビ小説『おしん』の父親役、『西村京太郎サスペンス 十津川警部』シリーズ、『笑ゥせぇるすまん』、『おかしな刑事』、CMではヤクルトのタフマン、バラエティでは『伊東家の食卓』のお父さん役など。現在もラジオ『伊東四朗のあっぱれ土曜ワイド』、『伊東四朗 吉田照美 親父・熱愛』（ともに文化放送）に出演中。

本当に無口な私がなぜかラジオパーソナリティ歴四十年（伊東）

三宅　伊東さんとは長いお付き合い[1]になりますが、こうしてラジオの話をするのはこれが初めてですよね。

伊東　初めてだね。ドキドキしてます。最近物忘れがひどくてね。どんどん忘れてるんですよ。

三宅　（吉田）照美さんが、「伊東さんは記憶力がすごい」って言ってましたよ。

伊東　いや、それがそうでもないんだ。

三宅　昔のことはよく覚えてるけど……っていうのは？

伊東　それが強みだったのが、最近そっちのほうも悪くなっちゃって。

三宅　今回、僕がラジオパーソナリティをスタートして四十年ということで、いろいろな人とお話しさせてもらってるんですが、伊東さんもラジオをやられてちょうど四十年。

伊東　みたいですね。

三宅　伊東さんの『あっぱれ土曜ワイド』[2]（文化放送）と僕の『ヤングパラダイス』は同じ一九八四年スタートなんですよ。

伊東　昭和何年ですか？

三宅　昭和でいうと五十九年です。照美さんとやってる番組も長いですよね。

伊東　『親父・熱愛』[3]としては二十七年ですね。ラジオの仕事が来て、これだけ長くラジオをやってるというのは、私の人生の中で一番意外なことでしたね。だって、私は普段ほとんどしゃべらない人ですから。仕事だからしゃべってるだけで。本当に無口な私がなんでラジオに呼ばれたのか。それもいきなり朝九時から十三時までの四時間「生」ですよ。使うほうもよく平気だったなと思ってね。怖くなかったのかなと不思議でしょうがないです。

---

[1] 伊東さんとは長いお付き合い　三宅裕司と伊東四朗は一九八四年放送のコント番組『いい加減にします！』（日本テレビ）で初共演を果たす。[2]『あっぱれ土曜ワイド』　『伊東四朗のあっぱれ土曜ワイド』。文化放送で一九八四年から九六年まで放送された、伊東四朗がパーソナリティをつとめた生ワイド番組。[3]『親父・熱愛』　『伊東四郎 吉田照美 親父・熱愛（オヤジパッション）』（文化放送）。一九九七年にスタートした伊東、吉田によるトークバラエティ。

三宅 昔からあまりしゃべらない感じだったんですか？

伊東 そういう少年でしたね。退屈っていうことを知らないんですよ。「この状態でいろ」と言われたら、四十時間ぐらいはしゃべらずにいられます。そんな感じだから意外だったんですね。いまだに謎です。なぜ私に目をつけたのか、まったくわからない。のちに社長になった文化放送の三木（明博）さんから、「話がある。土曜日の朝九時から十三時まで生番組をやってくれないか」って。もちろん断りましたよ。「お話になりません。恥かきますよ」って。私が恥かくのはかまわないけど、文化放送さんに恥をかかせるのは悪いからお断りしますってさんざん断ったんですけど、それでも「やってくれ、やってくれ」って。それで放送の当日がついに来ちゃったもんだから。ああいうのをなんて言うんだろうな。開き直るというのか……。

三宅 ある程度、台本はあるんですか？

伊東 キューシート[4]。

三宅 キューシートだけですか？

伊東 だけです。ま、ほとんど。

三宅 うわー、じゃあシートに「ここでオープニングトーク」とか書いてあるんですか？

伊東　ううん、「適当にしゃべる」とか。

三宅　へえ、それは大変ですね！

伊東　大変ですよ。ま、二、三週もやれば、きっとクビになると思ってたから。

丸投げされて、苦しまぎれで作った「電線音頭」「ニンッ！」（伊東）

伊東　ベンジャミン（伊東）[5]の時もそうなんですよ。あれは全部丸投げされたんです。「伊東さん、翌々週本番ですから。『電線音頭』[6]をやるだけですから」。これだけですよ、僕が聞いたのは。桂三枝さん……今の文枝さんが、コントの中で即興で「電線に

[4] キューシート　タイムテーブルや演出の指示などが書かれた進行表。[5] ベンジャミン（伊東）　NET（現・テレビ朝日）系で一九七六年から七八年に放送されたバラエティ番組『みごろ！たべごろ！笑いごろ!!』で伊東が演じたキャラクター。[6]『電線音頭』『みごろ！たべごろ！笑いごろ!!』でベンジャミン伊東と電線軍団が歌い踊り大ヒットしたコミックソング。石ノ森章太郎デザインによるキャラクター、デンセンマンとともに子どもたちを中心にブームを巻き起こした。

〜」ってやったのを独立させて、伊東さんでやりたいんで頼みますって言われたんで。翌々週はもう撮りだからって言われて。弱ったなと思って。

三宅 （笑）。

伊東 振付はキャンディーズなどの振付を担当していた西条満さんで。大きな稽古場取ったけど、何の稽古にもならない。

三宅 電線音頭の振付は大きい稽古場を取っちゃいけませんね（笑）。

伊東 そうだよねえ。で、「伊東さんならどうしますか？」って言うんだもん、向こうが。それ、俺が言うことですよ。「じゃ『電線に〜』って言うんだから、こういうふうにやるのは？」「それでいいです」「スズメがとまってるんだから、ちょっとくちばし出して……」「それでいいです」って言われて。そのまま「じゃあ、それでよろしく！」って帰っちゃったんだよね。それで衣裳を着て、いつの間にか当日が来ちゃう。

三宅 「おっとっとっと」はどこでできたんですかね。適当にやったんですか？

伊東 どっか、私の頭の中に歌舞伎の六方[7]があったんだね。「勧進帳」が大好きでよく観に行ったから。

三宅 伊東さんが八十歳の時に一緒にやったコントライブ『伊東四朗 魔がさした記

念コントライブ『死ぬか生きるか！』で、伊東さんはもう舞台はきっとやらないだろうと思って、最後に花道を六方で去っていく伊東さんに「日本一の喜劇役者！」って、かけ声をかけるっていうのをやったんですよ。でも、そのあとも舞台やるやる（笑）。

伊東　そんな体たらくです、はい（笑）。

三宅　あの奇抜なデザイン[8]も伊東さんのアイデアだったんですよね？

伊東　そうです、デザインも。

三宅　伊東さんとの最初のコントライブの打ち合わせでベンジャミンのアイデアを絵で説明してくれて。ベンジャミンの爆発したような髪型の話になって、それでコントライブのチラシは原始人の衣裳にしたんですよ。

伊東　ああ、原始人で撮った時あったね。それも相当古いでしょ？

三宅　相当古いです。

伊東　もう忘れ去られた時代です。

[7] 歌舞伎の六方　手足の動きを誇張し、舞台から花道を駆け抜ける際の動作の呼称。「電線音頭」の曲中「おっとっとっと」のフレーズで六方を取り入れた振付となった。[8] あの奇抜なデザイン　ベンジャミン伊東のこと(下の写真参照)

© 渡辺プロダクション

三宅　伊東さんの「ニンッ！」っていうのは？

伊東　あれは苦肉の策。森進一さんの正月公演で浅草の国際劇場に出たことがあって。時代劇やって、長屋ものだったんですよ。朝の場面で夜が明けたっていうことで「おはよう」「いい朝ね」「空気が違うわね」とか言ってみんな出てくる。「伊東さんも出てください」って言われて、「おはよう」って出ていったら、演出家に「同じこと言ってどうすんだ」って言われて。何か違うものをということで、いろいろやってもダメで。「もっとインパクトのあるものを！」って言われて、もうしょうがなくて「ニンッ！」ってやったら、「いいものがあるじゃないですか！」と。こちらからすれば「どこがいいんですか？」って感じだったんだけど。

四十分のトーク。無口なゲストにゾッとしました（伊東）

三宅　伊東さん的には、「ニンッ！」の元はなんだったんですか？　忍者の「ニンッ！」とか？

伊東 なんにもないです。ただもう追い詰められてしょうがなくて口から漏れただけですけどね。そういうことの連続です。ラジオはいろんなことを考える余裕もありませんでしたよ。

三宅 でも「ニンッ!」っていう声というか、音のものが一個あってよかったですよね。ラジオで使えますもんね。

伊東 そうですね。いいこと聞いたな。これから使わせてもらおう(笑)。

三宅 困った時の「ニンッ!」(笑)。じゃあ、ラジオの生放送のトークネタは「今日は何しゃべろう」って感じで考えていくわけですか? 作家はスタジオにいるんですよね。

伊東 作家はいましたよ。でも、作家はしゃべらない。作家はしゃべらないし、四十分のトークでゲストが来て、そのゲストがしゃべらない人だと、本当に困ったよ。これで俺がしゃべらない、向こうもしゃべらないじゃ(笑)。

三宅 それでラジオですからね(笑)。

伊東 ラジオ成り立たないからね。

三宅 息遣いだけがずっと……。変な放送になっちゃいますよね。

伊東 いたんですよ、俳優さんで。よくこの仕事を受けたもんだなと思ってね。全然しゃべらない。

三宅 いましたか、そういう方？

伊東 いました。

三宅 俳優さんですね？

伊東 俳優さんです。

三宅 困りますよね。

伊東 困ります。

三宅 多摩テレビっていう局で有線放送の実験で初めて司会をやった時に、生放送で多摩市長と対談したんです。一応用意したことを全部聞き終わった時点でまだ二十分残ってるんです。二十分ですよ。うわー、どうしようってもう一回同じ質問したら「それはさっき話しました」って。めちゃくちゃ困りました（笑）。

伊東 あんなにゾッとすることはないですね。テレビだと顔が映ってるからなんとかなるんですけど、ラジオは素になりますから、完全に。

三宅 そうですよね。ある意味、放送事故ですもんね。

伊東 ですから、その四時間の仕事を頼まれた時、最初に「何を心がけたらいいですか？」って聞いたら、「伊東さん、最大二秒です。黙っててもいい時間は」って。これははっきり言われましたね。二秒以上経つと、聴取者はラジオが壊れたか、放送局が壊れたかって思うんだそうです。「ですから二秒、これは守ってください。あと時報の時はしゃべらないように」。その二つですよ。それで始めちゃうっていうんだから。

三宅 時報の「ピッピッピッポーン」でしゃべる人あんまりいないですよ（笑）。

伊東 いや、俺だったらやりかねないと思ったんだろうね（笑）。

三宅 そのしゃべらない俳優さんの時は、伊東さんはどうしたんですか？

伊東 こっちがしゃべるしかないですよね。

三宅 伊東さんがしゃべってどうにか乗り切れた？

伊東 乗り切ったとは言えない。ゾッとします。悪い言い方をすると、ごまかしてるっていうことなんだろうね。何か言ってごまかしてましたね。建設的なことはひとつも言ってなかった。

テレビがない時代だから、音楽も落語もラジオから（伊東）

三宅 伊東さんはよく聴いていたラジオ番組とかあるんですか？

伊東 ありますよ。昔はテレビないですから。よく聴いていたのは、三木鶏郎[9]さんの「冗談音楽」。「♪僕は特急の機関士で〜♪」ってやつですね。

三宅 僕は全然知らないですねえ。

伊東 「♪可愛い娘は駅毎に　いるけど　三分停車では　キスする　ひまさえありません♪」

三宅 伊東さんはこういうのは本当によく覚えてますよねえ。

伊東 三木のり平[10]さんも出てたんじゃないのかな。あと、楠トシエ[11]さんが出てましたね。「♪雪がつもる　静かな街に〜♪」って歌を歌ってました。

三宅 楠トシエさんのヒット曲ですか？

伊東 「今週の歌」みたいなやつ。

三宅 それ覚えてるんですね。

伊東 どっちかと言ったら裏側を見たり聞いたりするのが好きなほうだった。あと森繁(久彌)[12]さんはよく聴きましたね。『ほらふき騎士(ナイト)』[13]なんていう番組があって。

三宅 わかんないです。

伊東 「♪ほーラッパッパップー 高らかにラッパをさ吹くんだよ 人生わずか六十年

---

[9] 三木鶏郎 作詞家、作曲家、放送作家。NHKラジオ『歌の新聞』『日曜娯楽版』『ユーモア劇場』での音楽と時事コントをはさむ斬新な構成で一世を風靡。伊東が対談中に口ずさんだ「僕は特急の機関士で」など一連の「冗談音楽」の作詞・作曲や、CMソング、テレビ主題歌も多数手がけた。[10] 三木のり平 俳優、演出家、コメディアン。三木鶏郎の「三木鶏郎グループ」で頭角を現し、映画「社長シリーズ」「駅前シリーズ」などで人気を博す。森光子の舞台『放浪記』などを手がけた演出家としても知られる。桃屋のCMでは長年にわたり、キャラクターのモデル、声優をつとめた。[11] 楠トシエ 歌手、女優。ムーランルージュ新宿座で歌手として芸能界入りし、三木鶏郎の『日曜娯楽版』の出演により一躍人気歌手に。NHK専属タレント第一号として、数多くの番組に出演。一九六〇年代から、清酒黄桜の「かっぱの唄」など一〇〇〇曲近いCMソングを吹き込み「コマーシャルソングの女王」としても知られる。伊東が対談中に口ずさんだ「雪のワルツ」は一九五二年放送の『ユーモア劇場』で初放送された。[12] 森繁(久彌) 俳優、歌手。俳優として映画「次郎長三国志シリーズ」「社長シリーズ」「駅前シリーズ」『警察日記』『夫婦善哉』、ドラマ『七人の孫』『だいこんの花』など、数多くの作品に出演。コメディからシリアスまでを巧みに演じ、国民的な人気を博す。歌手としては自身が作詞・作曲も手がけた「知床旅情」で知られる。舞台『屋根の上のバイオリン弾き』は上演回数九〇〇回を数える森繁のライフワークとなった。[13]『ほらふき騎士』 一九五五年にニッポン放送で放送された森繁久彌出演のラジオドラマ。

二十年は寝て暮らし　二十年は働いて　残る二十年はちょっぴり嘘でもついてさ　暮らすのさ♪」ってテーマミュージックだったんですね。

三宅　「嘘でもついて暮らすのさ」いいですね。そうか、テレビないからラジオは結構聴いてるってことですね。

伊東　聴いてますね。あとは落語ですね。落語はほとんどラジオで聴いてたな。

三宅　昔、右チャンネルが文化放送、左チャンネルがニッポン放送でステレオ放送[14]ってありましたよね?

伊東　ありましたよ。

三宅　ラジオを二台用意して。文化放送とニッポン放送がステレオの半分ずつを。

伊東　これはワクワクしましたよ。

三宅　それが初めてのステレオ体験でしたね。

伊東　自分ちにラジオが二台ないから、隣の人を呼んで一緒に聴くんだけど。ラジオをハの字にしてくださいって言われて。

三宅　その真ん中に座らなきゃいけないと。ステレオを聴く時は真ん中に座らなきゃいけないっていう頭ずっとありましたよね。あれは画期的でしたよね。

伊東 そういう夢のあることをやったなあと思って。

三宅 すごいですよね、文化放送とニッポン放送が手を結んで。

伊東 三宅ちゃん、ラジオは最初ニッポン放送から始めたの？

三宅 そうです。郵政省のケーブルテレビの実験放送で多摩ニュータウンの団地にケーブルを引いた、多摩テレビっていうテレビ局があったんですよ。そこをやってるのが日本テレビの子会社で。僕は大学卒業してその会社がやってるタレント養成所に入ったんです。その養成所はすぐやめたんですが、そこで「三宅さん、司会者やらない？」って言われて多摩テレビに行くことになって。司会やスタッフもやって、給料もらってたんです。多摩テレビはいろんな放送局から出向してる人が集まって、ケーブルテレビの実験をしてたんですけど、そこにいたニッポン放送の人が「三宅ちゃん、いいね！」って、ニッポン放送に推薦してくれて。そこから『関口宏のハッピーサタデー』っていう番組で外回りのリポーターをやらせてもらったのが最初なんですよ。

14 右チャンネルが文化放送、左チャンネルがニッポン放送でステレオ放送　一九五八年、ニッポン放送と文化放送のタイアップにより、民放ＡＭ二波を使ったステレオ放送が放送された。

伊東　初めて聞いた。

アドリブでのその場しのぎは舞台でさんざん乗り越えてきた（伊東）

三宅　もう昔の話ですからね。伊東さんのラジオでも外回りのリポーターはいっぱいいましたけど、その辺の掛け合いは伊東さんは上手でしょうね。

伊東　そういうアドリブみたいなことでその場をしのぐっていうのは、舞台でやってましたんでね。もうほとんど毎週の舞台が、暗転と幕のきっかけだけで台本がないんですから。

三宅　そこからきっかけのセリフに持っていくわけですね。全部アドリブで？

伊東　うん、そう。結局、作家さんが締め切りまでに書けなくて、逃げちゃうからね。私は台本のコピー係やってたんですよ、当時はカーボン紙入れてね。

三宅　コピーっていってもたくさんはできない。

伊東　作家が「ちょっとタバコ吸ってくる」って席を外して、戻ってこないからどうしたんだろうと思って、原稿をめくってみたら「伊東くん、あとよろしく」って書いてあって。俺によろしくっていうのはどういうことだよ（笑）。それでみんな全員集まって、夜中じゅうかけて、一応セリフの口ダテ[15]はするんですけど、台本はないんですよ。次の日の朝になるとみんな忘れちゃってるから、本番はアドリブ合戦みたいなことをやってましたんで。ラジオでそういうことは、ゲストじゃなくて、レギュラーのリポーターのところだからこそ許されたんだけど、メインのところでそれやったらアウトだと思うんです。今でも悪夢ですね。

三宅　キャバレーでしたっけ、アドリブでつないだ芝居で、もうひと言で終わるのに、遅刻した戸塚（睦夫）[16]さんが、鎖鎌を持ってステージに立っていたっていうのは（笑）。

伊東　戸塚が来なかったから、しょうがないんでそのまま三波（伸介）[17]と二人でコン

15 セリフの口ダテ　大まかな筋立てのみで俳優や作家が口頭でセリフを打ち合わせて芝居をまとめていく作業。16 戸塚（睦夫）コメディアン。剣劇俳優を父に持ち、石井均一座などを経て、三波伸介、伊東四朗と「てんぷくトリオ」として活躍。一九七三年、四十二歳の若さで生涯を終えた。17 三波（伸介）　コメディアン、俳優、司会者。てんぷくトリオとしての活躍のほか、『笑点』『お笑いオンステージ』『三波伸介の凸凹大学校』など、数多くのバラエティ番組で活躍。一九八二年十二月に五十二歳で急逝。多くのレギュラー番組を抱える中での突然の訃報に衝撃が走った。

トやって。オチになる寸前に後ろに気配がするから「なんだ」と振り返ったら、戸塚が鎖鎌を回してるんだよ。ギャラ欲しさにただ立ってて。これ、どういうふうにつなげたらいいんだって。

三宅 戸塚さんの気持ちもわかるし（笑）。それを乗り越えてきたんですから、ラジオのアドリブなんて……ね。

伊東 まあ。……で、夏場になるとお化けのコントをやるんですけど、三波も戸塚も太ってたんで、「お前、お化けやれ！」って言われて。白い衣裳にカツラをかぶって血を垂らして。斬られた女が、その怨念でお化けになったという役で、非常口あたりから入ってくるんです。非常口っていうのがビルの螺旋階段の横にあって、そこでうずくまって出番を待ってたんですよ。そうしたら、そこの上の事務所の女性社員さんが下りてきて、お化けの私と目が合って階段を落っこちてしまったんです。その音を聞いた事務所の男が「なんだ！」ってことになって、コワモテの人だったんですが、そいつも私の風体を見て寄ってこれない。「なんだお前は、姑息な格好をして女をナニしようなんて！」「違いますよ、実はコントの役をやってて、今から出るところなんです」「本当か？　確かめてやる。じゃあ俺があとからついていくから」って、お化けのあとをコワモテの人がついてきちゃった。

三宅 ステージに登場ですか？　もう訳のわからないコント（笑）。

伊東 同級生に会った時もまいったなあ。お化けで客席を回ってたら、同級生が酒を飲んでるんだ。「お前、伊東じゃないか。伊東だろ？」「違う、伊東じゃない」ってわざと高い声で（笑）。

三宅 伊東さんはそういう修羅場？を切り抜けてきた方ですから（笑）。

伊東 乗り越えたとは思ってないけど。

三宅 いやあ、こういう失敗の話は一番面白いですよね。

伊東 僕らはキャバレーでやったら、そこでお金もらって帰るんですよ。それを新宿にあった事務所に渡して、それで歩合をもらって帰るっていう。でも、そういうバカなことやってるとくれないんだよね。お金払えないって言われて。お化けの格好しててお金をもらえないとすごく惨めだったよね。

ラジオでの失敗は、渋滞でスタジオに着けなかったこと（伊東）

三宅　昔のそういうネタはいっぱいあるから、ラジオでしゃべれるじゃないですか。

伊東　そうですね。でも、何かきっかけがないとね。

三宅　急にしゃべりだすわけにいかないですしね。

伊東　自分できっかけ作るぐらい恥ずかしいことはない。

三宅　ラジオは、きっかけが大事ですよね。

伊東　そうなんです。

三宅　よくわからないままスタートしたラジオですけど、伊東さん的に手応えみたいなものを感じたのはいつ頃からですか？

伊東　一年ぐらいかかったんじゃないですか。局の人に言われて一番驚いたのは「生放送って何があっても始まったら、終わりますから」と。その通りだとは思うけど、すごい励まし方だな、と。ある時ファンの人から、三宅さんと声が似てるって言われましたよ。今でこそ全然似てないと思いますけど、当時はそういう声をしてたらしい。

三宅　『ヤングパラダイス』だったから、「伊東さん、なんか若い人の番組始めましたね」って言われたそうですね。

伊東　そうそう。こっちは何の話だか全然わかんない。

三宅　やってないんですからね（笑）。

伊東　やってないんだ。それで話に乗ってるとまた破綻するから、「そうそうそう」と言って、結構逃げてたけどね。何の話かなと思ってた。

三宅　声が似てるから、それを聴いた人は勘違いしちゃったんでしょうね。伊東さんは生放送の失敗なんてあるんですか？

伊東　言ってみりゃ毎回が失敗みたいなもの。あ、そうそう、道が渋滞で始まる時間に着かなかったことがあって。

三宅　渋滞、これはありますよね。

伊東　車の中から電話で交通情報をやっちゃったの。携帯電話じゃなくて当時、自動車電話っていうのがありましてね。「新宿南口の横断歩道はいつも通りの混雑で、チラホラと半袖の人もいて季節を感じます……」なんて、街の様子を見ながら。

三宅　伊東さんが情景描写を。まるでアナウンサーですよね。それと生放送だと、リスナーからのＦＡＸやメールもいろいろなものが送られてきますよね？

伊東　いやもう、今もそれを頼りにしてますから。一般の人っていうのはこういうもんなんだなって、とても楽しいです。こちらが考えもしないことを言ってきますからね。身内の恥だろうがなんだろうが言ってきます。

三宅　吉田照美さんも言ってましたけど、ラジオでしゃべることって、失敗した話が多いって。

伊東　そうだろうね。聴いている人も、自慢話はイマイチ聴きたくないもんね。

コントをわかってもらえず客から「真面目にやれ！」と怒られた国定忠治（伊東）

三宅　そうですよね。今の伊東さんの話だって、出トチリにしても全部失敗話ですもんね。俺、伊東さんのそういうのをいっぱい聞いてるからなあ。健康ランドの話とか。

伊東　ありましたね。よく知ってるなあ。俺がしゃべったのかあ。

三宅 国定忠治ですよね。国定忠治のコントやったらお客さんから「真面目にやれ！」って怒られたという（笑）。

伊東 僕らの控室とお客さんの控室が隣り合わせで、国定忠治やって帰ってきたら、お客さんたちも帰ってきて、「へったくそな役者だったなあ」って。要するに、間違えたりすることをコントだと思ってないんです。なんで真面目にやらないんだっていうことですよね。化粧も八の字眉毛で。

三宅 コントだと思わずに、ちゃんとした芝居だと思ってるから、「間違えてばっかり！」ってなって。コントやってる人に向かって「真面目にやれ！」っていう。この話がすごい好きで（笑）。

伊東 我々のコントで居合抜きっていうのがあって。最後に三波がスッと刀を抜いて、「刀をポンと投げたら、この鞘にスポッと入ります。さあ皆さんやりますよ」って言うと、私が袖から呼ばれたっていうていで袖に行ってまた舞台に戻ってきて、三波に耳打ちする。「すいません時間がないそうで、また」っていうのがオチなんだけども。むろん客は怒る。

三宅 毎日来てる客だから「この前に出てる手品が長すぎるんだ！」って（笑）。

伊東 そうなんだ。健康ランドだから。

三宅 また時間がない（笑）。

伊東 それでどうしようもなくて、戸塚の顔をきれいにメイクして……彼の顔、時代劇やるとすごくいいんですよ。着物を着て、春日八郎さんかなんかの歌をかけて踊ったら、拍手だもん。こっちは出番なし。

三宅 お年寄りがよく知ってる曲で踊るっていうのは、落研が老人ホーム慰問のときにやるやつですよ（笑）。

ピンク・レディーの代打で司会、二本のはずが結局三百本以上に……（伊東）

三宅 伊東さんはラジオを始めた頃から、テレビでも番組の司会とかもやるようになりましたよね？

伊東 テレビの司会も私は一人でやるのはどっちかっていうと苦手で。一番最初にやったのは『ザ・チャンス！』[18]（TBS）ってやつじゃないかと思うんですよね。それはピンク・レディーのピンチヒッターなんですよ。『ザ・チャンス！』の司会をピンク・レディーがやってたんですけど、アメリカでテレビ出演をするため帰ってこられなくなって「二本だけやってくれ」って言われて。結局、ピンク・レディーが帰ってこなくなっちゃって三百本以上もやったの。

三宅 ピンク・レディーの代わりに伊東さんっていうのもすごいですよね。

伊東 その発想がよくわからない。健康ランドの客だったら怒りだすね。

三宅 テレビの司会も三百本以上やって、ラジオも結局四十年も続けてるのはすごいですよねえ。

伊東 ラジオの正解って、どういうところにあるのかよくわかんない。それで四十年もやってるんです。

三宅 伊東さんのお話聞いてると、ラジオもテレビの司会もピンチヒッターで何でも全部一応こなしちゃうわけですよね。何か将来こうなりたいから、そのためにこれをやったほうがいいとかあるじゃないですか。伊東さんは、ちっちゃい頃は何を目指し

18 『ザ・チャンス！』 一九七九年から八六年までTBS系で放送された視聴者参加型バラエティ番組。

てたんですか？

伊東 芸能界ってのは、うんと遠いところにあったんだよ。

三宅 昔の芸能界は今よりも遠かったですよね。

伊東 うん。テレビがないし、もちろん映画なんか遠くて遠くて雲の上だから。好きで観てるだけで、自分がそっちに行こうなんてこと、これっぽっちも考えたことはなかったんだよね。

三宅 それで就職試験を受けて、全部落ちたんですよね。

伊東 そう、すべて。どっかに入りそうなもんだと思ったけどなあ。

三宅 でもそれって、今の伊東さんになるための何か運命的なものを感じますね。面白いなあと思いますよ。

伊東 何十社と受けてますよ。それで受けては落っこって、受けては落っこって帰ってくる。帰ってくると教室でみんなが「伊東、お前またか」って。そんな時、友だちの親がある製薬会社の重役でね。「お前、うちの会社に来るか」「行くよ、当たり前じゃない！」「一応、話してみるからさ、その代わりコネ丸出しは困るからちゃんと試験だけ受けろ」って言われて、試験を受けたら落っこったんだ。

三宅　それは話がいってなかったんじゃないですか？

伊東　話はいってたでしょうね。でも、よっぽどダメだったんだ。

三宅　そこで、もし受かってたら今の伊東四朗はいないと。

伊東　いないです。どこかに入社していたら、何があっても辞めませんから。

三宅　面白い。運命ですよね。で、仕方なく早大の生協で牛乳を売っている時、客として観に行っていた石井均[19]さんから声かけられるわけですよね。

伊東　劇場を出ようと階段を下りた時、その上にある楽屋のガラス窓がちょうどパッと開いて石井さんと目が合って「おい、寄ってけ！」って言われたのがきっかけです。本当に一瞬の何秒の差で、その窓が開いて。石井均さんは舞台の上から見て、私をよく来る青年だと覚えていたそうです。それがあって今、「伊東四朗です」なんて言ってしゃべってんの。

三宅　例えば『ヤンパラ』のパーソナリティが決まったとすると、事務所が「決まっ

---

19 石井均　コメディアン、俳優。新宿フランス座の座付き俳優として活躍し、石井均一座の座長として軽演劇の公演を行う。戸塚睦夫、伊東四朗、財津一郎らが座員として参加。石井均一座解散後は大阪に拠点を移す。大阪時代の弟子に西川きよしがいる。『あかんたれ』『ふぞろいの林檎たち』など数多くのドラマでも活躍。

たぞ！」ってなって、「よろしくお願いします。がんばります！」ってなるじゃないですか。でも、伊東さんの場合は、断って、断って、しょうがなくてやって、これだけ続いちゃうんだから。運命の流れというか、運がいいというのかどうか。

伊東 何なんですかね。いわゆる巡り合わせがいいのかな。

三宅 でも、伊東さんはいざやりだすと、すごい一生懸命やっちゃうんですよね、当然ですけども。

伊東 まあそうですね。

三宅 ベンジャミン伊東も一生懸命やっちゃったわけですから（笑）。

伊東 目がイッてるって言われました。

三宅 もう開き直ってやったんですかね？

伊東 本当にあいつイッちゃったんじゃないかと思った人もいるんですよ。藤田まことさんがそうだったんですよ。「最近のあいつの目はイッてる。俺がちゃんと本人に聞いとくから」って言ってたらしい。あるパーティでホテルに行った時に、トイレの入り口の壁に押しつけられて「あんた大丈夫？」って聞いてきた。「何がですか」「いや、最近おかしいぞ、シロちゃん」って（笑）。心配してくれた人もいるぐらいだったたっていうことですよね。やるとなったらやっちゃう人なのかなあ。

三宅 他人事のようですけど、きっとそうでしょうね。

伊東 中途半端がイヤなのかもしれないですね。

三宅 だって伊東さんはセリフを覚えられなくなって、たくさんの人に迷惑かけるのがイヤだから、普段から記憶力を鍛えておこうという人ですもんね。

伊東 まあそうです。それで覚えがいいって言われると、それは絶対違うって言うんですよ。俺はもっと早くから皆さんより覚えてるから、なんとか追いついてるだけで、けっして記憶力がいいわけじゃない。

三宅 自分は子どもの頃から芸能関係の中で生まれ育ってるんで、どこかに自信みたいなものを持ったままこの世界に入って、ものすごい壁にぶつかって挫折してるんですよね。だから、伊東さんの全然そんな気がなかった、なる気がなかったのに、結果的になっちゃっていく運命というか人生。それがここまできちゃうすごさっていうのを改めて感じますよね。だから、伊東さんはきっと真面目な人で、やる時は本気でやるからなんだろうなって思いますね。

伊東 就職試験を一社でも受かってたら結構いいトコいってたかもしれない。

三宅　それはそうだと思いますよ。きっと重役クラスまでいってるんでしょうね。

伊東　あるかもしれない。確率はごくわずかだけれど。

三宅　だから人生って本当に面白いなって思いますね。

ネタを見せる番組が今はないもんね（伊東）

三宅　照美さんとの『親父・熱愛』も、もう二十七年もやってるんですね。

伊東　ラジオでいえば、あちらがずっと先輩ですから、彼のペースでやっていけば間違いないだろうなと思って始めましたけど。本当にプロだと思っていますからね。いつまでもそのペースでいきたいと思ってます。ところであのコント番組『いい加減にします！』[20]（日本テレビ）はいつだっけ？

三宅　『いい加減にします！』はラジオ始めた年の後半からですかね。伊東さんがゲストでいらっしゃったのは五回目ぐらいからじゃないかな。

伊東　コント番組に呼ばれるっていうのはうれしかったですよね、本職ですから。最初はゲストで呼ばれたんですけど、その後レギュラーにしてもらって。俺もやっと本職で仕事できるようになったなんて思ってたら案外早く終わっちゃったんだよね。

三宅 ドリフの『(8時だョ!)全員集合』[21](TBS)が『(オレたち)ひょうきん族』(フジテレビ)に視聴率で抜かれてからテレビでは作り込んだ笑いが少なくなって、その頃からテレビ界全体がトーク中心の番組になっていくわけです。

伊東 今、本当にネタを見せる番組ないもんね。

三宅 ないですね。だから「熱海五郎一座」の新橋演舞場が、見るもののないお年寄りの憩いの場になってた。

伊東 あんなにお客さんが大口開けて笑ってくれる舞台っていうのも、本当に久しぶりだな。

三宅 喜んでいただきましたね。

20『いい加減にします!』 一九八四年に日本テレビ系で放送された三宅裕司、植木等、伊東四朗、西田敏行、SETのメンバーなどが出演したコント番組。番組は半年で終了したが、『三宅裕司じゃん!』『大きなお世話だ!』『ごきげん!月曜7時半』と、放送時間帯、タイトル、内容を変え三宅メインのバラエティシリーズが二年にわたり放送された。21『(8時だョ!)全員集合』 一九六九年から八五年にTBS系で放送された、ザ・ドリフターズのコント番組。基本的に生放送で、作り込まれた台本、大掛かりな舞台セット、そして体を張ったドリフメンバーの演技で人気を博し、最高視聴率は50%を超えるほどだった。

伊東 『いい加減にします！』はいいコントをやってたなあ。

三宅 五人ぐらい作家がいて、それでホン（脚本）を選んでましたからね。

伊東 「ウィ・アー・ザ・ワールド」のコントはウケたね。

三宅 歌になっちゃうコント？

伊東 そう。「♪ウィ・アー・ザ・ワールド　今夜も〜ありがとう♪」。漫談の人で「それいただけますか？」って言ってきた人がいたよ。いいよ、使えばって言ったね。

三宅 ラジオでもハガキ読みとかは演じるものが多いですよね。

伊東 そうね。

三宅 その辺は喜劇役者としては得ですよね。ハガキ職人が書いたニュアンスをどういうふうに言えば面白いかっていうのは普段からやってるわけですからね。

とにかくラジオは難しい。
ひょっとしてテレビよりも……（伊東）

三宅 私も伊東さんも四十年間ラジオを続けてますけど、ラジオだからこそできる、ラジオだからこそ伝わることみたいなものっていうのはありますか？

伊東 そういう難しいことは考えたことがなかった。申し訳ないけど、とにかくラジオは難しいっていうこと。テレビでしゃべるよりは難しいと思ってます、アタシは。

三宅 ラジオはテレビより微妙なニュアンスが全部伝わっちゃいますからね。

伊東 聴いてる人は、細部にわたって聴いてるような気がする。

三宅 そうですね。

伊東 いい加減には聴いてないような、気がするんですけどね。

三宅 ヘタしたらジャージでしゃべってることバレてるかな、みたいなね（笑）。

伊東 それは本当に。ラジオは聴いてる人との距離がかなり近いのかな。

三宅 テレビで自分の考えをしゃべることって難しいけど、ラジオで自分の考えを言いやすい雰囲気ってありますよね。

伊東 ある。どっちかっていうと照れくさくない。

三宅 そうですね。

伊東 テレビで顔が映ってる時にそういうことをやるのはちょっとキツいね。

三宅 照美さんとよく今の世の中のこととか、政治経済のこととか、それぞれの意見はよくおっしゃってますもんね。

伊東　しゃべってますね。

三宅　それはラジオだとしゃべりやすいっていうことですかね？

伊東　そうなるんでしょうね。また、彼とはむろん思いや考えも違うから、その辺がいいんですよ。まったく同じ意見で、「そうそう！」って言ってるのはあんまりよくないと思うんです。お互いの中にある考えっていうのは、違ってるほうが素直に会話ができるような気がします。

三宅　長年ラジオをやられた中で、伊東さん的に手応えやラジオならではの楽しさみたいなものを感じたりしてますか？

伊東　そうですね、漠然と、ですけどね。何があったとか、そういうことはないですけど。ラジオならではの楽しみをひしひしと感じてることはもちろんありますね。何度も言うけどラジオは聴いてる人とかなり近いのかな。

三宅　ラジオは聴きながら集中することに合ってるメディアだと思いますね。ウチの奥さんがキッチンで洗い物をしながら、テレビを聞いてて、コマーシャルで「手の荒れに効く」って流れたのを「手のアレ？　アレじゃわかんないのよ！」って（笑）。ラジオならおそらく「手の荒れ」ってわかったんでしょうね。以前、SETはラジオでコントをやったりしてましたけど、伊東さんとラジオでコントをやったらどんな感じになりますかね？

伊東　かえって怖いよ。音だけだと、舞台でやるのと空間や間合いが違うから、余計なことを計算しなきゃいけないのかなと思って。

三宅　でもきっと面白くなると思いますよ。僕が伊東さんとやるとしたら、映像でやるとものすごく金がかかる設定で、効果音をうまく使ってやってみたいですね。昔、吹雪の中で遭難して「眠ったら死ぬぞ！」っていうコントで伊東さんにほっぺたを本当に叩かれて、めちゃくちゃ痛かったんですけど（笑）、ラジオならすごい音で叩いてる効果音も出せるんですよ。意識が薄らいでいく中、ものすごい効果音で叩かれたあとの本当に痛い演技をどうやるかで、テレビよりも面白いものが作れる気がしますね。

伊東　あ、思い出したよ。

三宅　あれは本当に痛かったですよ（笑）。でも、意識朦朧としてる演技をしないといけないから、痛いって言えないんです。滝に打たれてる二人の会話なんて、映像じゃできないですけど、音ならできますよね。「あれちょっと水量が増えてきたけど大丈夫?」「まだ、大丈夫」「あ、水が増えてきた、増えてきた!」って、伊東さんが流されていっちゃう(笑)。やったらきっと面白いと思うなあ。伊東さんのことだからしつこくお願いすれば一生懸命やってくれるかもしれない。

伊東 (笑)。

対談を終えて

伊東さんは、ラジオも含めて、実は人に言われてイヤイヤやってたってことがすごいですよね。でもやるからには、開き直って一生懸命やって、それが長く続いてしまう。それが伊東さんの人生なんだなと思いましたね。伊東さんは喜劇や歌舞伎、落語、歌と、本当に好きで、たくさん観てるんですよね。そのエッセンスを凝縮してるから、伊東さんが作り上げるものはすべて完璧なんですよ。先日亡くなったイラストレーターの山藤章二さんが「悪役で一番すごいのは伊東四朗だ」って書かれてて。伊東さんがなんでそんなに迫力が出るのかっていうと、「圧縮比」っていう言葉を使ってましたね。笑いではじけているものをグッと抑えて、それと同じぐらいのパワーで悪役をやる、その圧縮比がすごいから、悪役やるとあれだけの怖さが出る。逆にそういう怖い顔は見えないラジオでは、また何か違う伊東さんの一面が見えてくる、そんな気がしますね。

× 高田文夫

人の意見は聞かない。
時代に合わせることもない。
自分のスタイルを
貫くことが共通項

一九四八年、東京都生まれ。子どもの頃に青島幸男を見て放送作家を志し、日本大学芸術学部放送学科へ。大学時代は落語研究会に所属。卒業後、放送作家に。『スターどっきり㊙報告』『オレたちひょうきん族』など、数多くのヒット番組に携わる。また構成だけでなく出演もした『ビートたけしのオールナイトニッポン』は、社会現象に。一九八八年に立川藤志楼として真打昇進。一九八九年から始まった『高田文夫のラジオビバリー昼ズ』(ニッポン放送)は現在も続投中。

生放送四十五年で一度も放送禁止用語言ったことないからね、この俺が（高田）

高田　夏風邪にやられちゃったみたいで、熱とかはないんだけどさ。

三宅　大丈夫ですか？　おそらく寒暖差ですね。

高田　お、寒暖差の生まれだって？　江戸っ子だね、神田の生まれ？（笑）

三宅　寒暖差の生まれ！（笑）。僕がラジオパーソナリティ四十周年ということで、記念にいろいろな方とお話をしようということで、今日はおいでいただきました。

高田　俺はもう四十五年。今やってる『ビバリー』[1]が三十五年、その前のたけしさんの『オールナイト』が十年で合わせて生放送四十五年。放送中に一回も放送禁止用語言ったことないからね、この俺が。

三宅　ホントですか？

高田　異常なセンサーが働くんだよ、頭の中で。

三宅　景山民夫さんと二人で『民夫くんと文夫くん』[2]をやってた時は？

高田 あの番組は録音だったんで、放送禁止用語言ってるんだけど切ってもらうんだ（笑）。

三宅 あの番組は『談志・円鏡 歌謡合戦』[3]みたいな感じでしたよね。

高田 そうそう、あのまんま。あの頃は景山も俺もめちゃくちゃ忙しくて、もう訳わかんないからさ。とりあえず熱海に芸者買いに行こうって言って、宴会シーンの音を録って、これで三週ぐらいもつだろうってやってたの。それを流したんだけど、その頃はオンエアが日曜日の午前中だったんだよ。スポンサーの社長がさ、ゴルフ行くんで聴いてたんだよ（笑）。「日曜の朝から芸者買いって何やってんだ！」って、ひどいよねえ。あの頃はめちゃくちゃでしたね。

[1]『ビバリー』 『高田文夫のラジオビバリー昼ズ』。一九八九年四月からニッポン放送で放送開始され、二〇二四年に三十五周年を迎えた昼の生ワイド番組。二〇二四年現在、在京民放ラジオの日中放送のワイド番組で最も長い歴史を持つ番組となった。[2]『民夫くんと文夫くん』 『とんでもダンディー・民夫くんと文夫くん』。一九八四年から八六年にニッポン放送で放送された景山民夫、高田文夫によるトーク番組。当初は月曜から金曜夜に放送された十分間の帯番組だったが、日曜午前十一時半からの三十分番組に。[3]『談志・円鏡 歌謡合戦』 一九六九年から七三年にニッポン放送で放送されたラジオ番組。立川談志と月の家圓鏡（八代目橘家圓蔵）が、木魚を叩きながらアドリブでナンセンスなギャグやフレーズの応酬を展開した伝説のラジオ番組。

三宅　あの番組はテンポが速いのが売りでしたもんね。あのテンポはすごかったなあ。どちらかがお休みの時にあの番組に呼ばれた記憶があるんですけどね。「あんなテンポでしゃべれないから」って、一度断ったんですよ（笑）。どんな話したのか全然覚えてないですね。

高田　じゃあ、きっと景山とやったんだね。

三宅さんは、ちいさな加山雄三なんだよ（高田）

三宅　『高原兄のヤングパラダイス』のワンコーナーで「SET劇場」っていうのがあって、それを聴いてくれた高橋幸宏さんと景山さんが『オールナイトニッポン』に呼んでくれたんですよ。

高田　あの二人はすごいセンスがよかったからね。三宅さんはラジオのイメージもあるんだろうけどね、よい子のお兄ちゃんなんだよね。ちいさな加山雄三なんだよ。みんなからいいなあって憧れられて。俺とかたけしみたいなのはさ、悪いことばっかり考えてるから、よい子のみんなは尊敬もしないんだよ。でも悪いことは教えるよっていう。三宅さんは「陽」だしさ、たけしさんは「陰」だからね。俺がそれを通訳するようなもんだから。

三宅　『ヤンパラ』を始める時に、今はたけしさんみたいに若いヤツらを突き離すようなトークでなきゃダメだって言われて。いや、俺はできないなあって（笑）。

高田　あの頃はフォーク歌手なんかが真面目な顔して人生語るようなのが人気あったんだよ。スタッフがバカだからさ、それをたけしさんで俺にやってくれって言うんだよ。できるわけねえよ、語れるか人生なんて！（笑）。それを否定するのがこっちの商売なんだから。それで電波の向こうの若者に語ってくださいってことで、最初の二か月は筆談だから。スタッフが俺にしゃべんなって言うからさ、原稿を書いてその場で渡すんだよ。

三宅　たけしさん一人でやってるように見せるようにね。

高田　そしたらさ、全然つまんねんだよ（笑）。そりゃそうだよな、間がないんだもん。三か月で終わるって言われてたから、三か月ぐらい経った時にポンポンポンポン俺が茶々を入れるようになったんだよ。そしたら、たけしさんもノッてきちゃってさ。俺

× 高田文夫

人の意見は聞かない。時代に合わせることもない。
自分のスタイルを貫くことが共通項

が笑って、たけしさんの夜中のライブを聴くようなもんじゃない。それで面白かったんじゃないかな。

三宅 ラジオでの笑い声って、ものすごく大事ですよね。

高田 初めてですからね、ラジオで作家が笑ってるっていうのは。画期的だったんですよ。みんな「誰なんだこいつ?」って。「でも間のいい笑い方するなあ」ってみんな思ってたんだよ。

三宅 松村(邦洋)くんがやってた「バウバウ!」ですね。

高田 あの子にはそう聞こえたんだろうね。

たけしさんは、漫才ブームは終わりだって読んでたね、心の中で(高田)

三宅 たけしさんをテレビに誘ったり、ラジオに誘ったりっていうところも高田先生がやったんですか?

高田 まったく食えない時代からメシ食わせてるから。俺んち来て、勝手にメシ食ってんだから。

三宅 説得したんですよね？

高田 説得もなにも仕事が回ってきたら、こういうのやろうよって感じだよね。なにしろ面白いんだけどさ、不器用なんだよね、人との付き合い方が。人見知りが病的で異常なのよ。俺にはしゃべるんだけど、たくさんいるとしゃべれないんだよ。

三宅 『ヤンパラ』を始めるにあたって、各曜日の『オールナイトニッポン』にあいさつに行ったんですけど、たけしさんが一回も目を見てくれなかったのは覚えてます（笑）。

高田 わかる、わかる。太田プロの副社長から「売れっ子漫才師をバラ売りするなんて。高田ちゃんだから、売れっ子のたけしを貸すんだから。その代わり、条件として高田ちゃんがスタジオにいること。本番になったら、手をつかんでおくこと」って、恋人同士じゃねえんだから（笑）。だって、ホントに震えてるんだよ。そのぐらい人見知りはひどかったね。その前の年の一九八〇年の十二月に『THE MANZAI』[4]の生放送を博品館でやってるんだよ。あの時に一番すごいツービートの漫才を見せたの。当時のCMのネタとかも全部入れちゃって、これは文句なしだと思うぐらいのネタ。その時はもう『オールナイトニッポン』の話を俺は詰めてたんで、「これで漫才はやり逃げか」と思ったくらい、すごい出来で終わったんだよ。

三宅 それで漫才はやめちゃったんですか？

高田 やってくれって言われてたから、そのあとも漫才やってたけど、あの人、心の中ではもう漫才ブームは終わるだろうと読んでたからね。一年で終わると思ってたから。三宅さんもわかると思うけど、大阪の芸人がワーッと来ると、楽屋でもみんな下品で女と金の話ばっかしてるんだよ。どこに土地買ったとか、あの女がどうしたとか、それがあまりにも下品で俺もたけしさんもイヤになってさ。あの頃は生々しかったからね。『THE MANZAI』なんて大阪の芸人だらけで、こっちはツービートと（星）セント・ルイス[5]しかいないんだよ。それでセント・ルイスは逃げちゃったんだから。

三宅 田園調布に家建てて（笑）。

高田 家建たないで逃げちゃった（笑）。『THE MANZAI』の最初の頃は出てたんだけど、収録の前半がウケちゃうと、横沢（彪）[6]さんと俺に「同じ客の前でやりたくない。明日、全部客を代えてもう一回撮らせてくれ」ってセントが言うんだよ。「いくらセントルイスでもそれはダメだよ。同じ客前でやらないとフェアじゃないよ」って言ったら、いつしか消えちゃったからね（笑）。だから東京はツービートしか残ってない。あとは全部大阪だからね。のりお・よしお（西川のりお・上方よしお）、ザ・ぼんち、B&B、紳助竜介（島田紳助・松本竜介）、その上にやすきよ（西川きよし・横山やすし）がいて。全部大阪だもん。それで楽屋では女と金の話だもん、イヤんなるよね。

話すことのネタはさ、尽きないんだよ、二人で動いてると（高田）

三宅　たけしさんの『オールナイトニッポン』はフリートークがめちゃくちゃ面白か

4『THE MANZAI』　一九八〇年から八二年、「火曜ワイドスペシャル」枠などで計十一回放送された演芸バラエティ番組。各演者が漫才を披露するシンプルな構成だが、各演者の登場前には外国人キャストによる各漫才師のイメージCM、呼び出しナレーションに小林克也、出囃子にはフランク・シナトラの「君微笑めば」を使用するなど、従来の演芸番組にはない斬新な演出で構成。漫才ブームを牽引した番組のひとつとなった。5（星）セント・ルイス　「田園調布に家が建つ！」のギャグで人気を集め、漫才ブーム初期を牽引した漫才コンビ。6横沢（彪）　元・フジテレビプロデューサー。『THE MANZAI』『オレたちひょうきん族』『森田一義アワー 笑っていいとも！』など数多くのバラエティを手がける。『ひょうきん族』のコーナー「ひょうきん懺悔室」では神父役として出演。フジテレビ退社後、吉本興業に移り、東京支社長や専務取締役を歴任。

ったですよね。僕は最初『ヤンパラ』のフリートークですごい苦労しましたよ。フリートークっていうのが自分でわかんなかったし、面白いネタを何も持ってないし、僕は根が真面目だから（笑）。

高田 毎日やってるから、ある程度ネタを用意していかないといけないもんね。

三宅 そうです、そうです。なんかメモしていかなきゃいけないし、ひどい時は作家が書いてくれたりとかもあったし。最初フリートークやった時に景山民夫さんに「三宅ちゃんね、フリートークつまんないから」って言われて（笑）。

高田 あいつ、はっきりモノ言うからな（笑）。そういうとこがいいんだよ。

三宅 たけしさんの『オールナイト』は生で聴いてたのではなくて、僕のいとことか若いヤツから番組を録音したテープが回ってくるんですよね。現場の音をめちゃくちゃ全部出してる番組でしたよね。

高田 なんでもかんでも、すべて隠しごとがないんだよね。

三宅 そうでしたね。

高田 露悪趣味っていうかさ。それがまた出来の悪い男の子たちに人気あったんだよ。不良とかトラックの運転手ね、あとはほとんどヤクザとかね（笑）。熱狂的に聴いてるのはそんなのばっかりだったよ。

三宅 でも、話すこともネタが尽きるじゃないですか。そういうのはどうしたんですかね。

高田 いや、それは尽きないんだよ、二人で動いてると。一週間変なとこに行っちゃうのよ。

三宅 ネタがありそうなところに?

高田 そしたらそこで事件が起きたりするのよ。それをまた隠さないからさ、あの男は。それでネタになっちゃうんだよね。

三宅 そこがすごいですよね。一週間であの番組を持たせるだけのネタが溜まってるっていうのは、それだけ動いてるわけですからね。

高田 それであの人自身が忙しい頃で、いろんなところの現場に行くから。そこでいろんな俳優とか歌手とか見つけちゃ、バカにするネタを拾ってくるんだよ(笑)。「高田さん知ってる? あいつバカでさあ」とかさあ。必ずネタを拾ってくるんだよ。あのあいうセンスはあるんだよね。

三宅 すごいですねえ。

ビートたけしは天下の村田英雄相手に怖いもの知らず（高田）

高田 もともと、俺はたけしさんより先に売れてたから（笑）、歌番組をいっぱいやってたんだよ。だから村田英雄先生とか三波春夫のエピソードを山ほど持ってて。飲むとその話をたけしさんにするわけ。そうすると、たけしさんが面白がって、ある程度自分でアレンジして、村田英雄の伝説を作るわけだよね。

三宅 デカ頭コーナー[7]ですね（笑）。

高田 「コーヒーどうしますか？」って言われたら、「ミルクと砂糖たっぷり入れてくれ」って、ぐるぐる回して飲んで「やっぱりコーヒーはブラックだ」（笑）って、こういうネタを全部作っちゃうんだけどさ。みんな村田先生が言ったことにしちゃうんだから。そんなのやり放題なんだ。その頃は歌謡界が一番で、お笑いなんて相手にされてなくて。俳優と歌謡界が一番偉かったから。演芸なんかさ、もうゴミカスなんだよ。それがさ、夜中に生意気な小僧が天下の村田英雄、歌謡界の王様をからかってイジってると大騒ぎになって。その筋の人が「ただじゃおかない」と動いてるらしいと。「おやじさんがブラックなんて言うわけないだろ！」って、そういうことじゃなくてみたいなさ（笑）。さすがにちょっとヤバいなと思ったんだよ。だけど、それがやればやるほど落差が大きいから面白いんだよね。死ぬほど面白いんだよ、村田英雄のダメさ加減が。

三宅 ラジオ聴いてる人は村田英雄さんのイメージが全部できてますからね。

高田 村田英雄っていうのは偉いってわかってるから。あの人は小学校行ってないんだよ。だって五歳で浪曲師に弟子入りして、十四歳で座長になって、全国二百人引き連れて巡業してるんだから、浪曲で。だからさ、字なんか読めるわけないんだから。字は読めない、だけど芸はある。渡航手続きするんで「サインお願いします」って言われて、「村田だ」「わかっております」って、村田さんが村田英雄って書くと、「村田先生こちらは本名ですか？」「……明日にしよう」。村田英雄は書けても本名書けない

7 デカ頭コーナー　『ビートたけしのオールナイトニッポン』の人気コーナー。村田英雄の頭が大きいことから派生し、村田英雄をネタにした人気コーナーへと発展。この盛り上がりから、若い世代の間で村田英雄ブームが起こった。

から、次の日までに練習してくる。これは実際の話で、そういう面白い話がいっぱいあるんだよ。それで当時の芸能プロの怖い人たちがみんな「いつかのあの二人を絞めましょう」っていうことになるんだけど、俺たちはとことんやったほうが面白いと思ってたからさ。

三宅 そこでやめないのがすごいですよね。

高田 俺は絶対にいけると思ったんだよ。周りがうるさいだけで、村田さんはしゃれっ気があるから大丈夫だと思ったんだよ。

三宅 三波先生だったらダメだったかもしれない（笑）。

高田 そうそう（笑）。村田さんは三波春夫が一番嫌いだからね。俺は大丈夫だという自信はあったんだよ。村田さんも、しょっちゅうスタジオ来てくれてさ、何回か番組にも出てくれましたよ。やっぱ飛び込んできゃ大丈夫なんだよ。こっちは悪気はないからさ（笑）。それが『オールナイト』の一年目でね。それでビートたけしは天下の村田英雄相手に怖いもの知らずというイメージになったんだよね。

ウチで「恐怖のヤッちゃん」やったらホンモノになっちゃうよ（高田）

三宅 僕は学生時代に『ナチチャコパック』を聴いてて。

高田 『オールナイト』の裏番組だったね。

三宅 役者だからなっちゃんのハガキ読みがうまくて、チャコちゃんの笑い声がよかったんですよね。

高田 あの笑い声がいいリズムを生むんだよ。

三宅 当時はハガキ職人とは言ってなかったですけど、作家が書いたかもしれないハガキを野沢那智さんがいい感じで読むんですよ。

高田 「ハガキ職人」はウチに〝ベン村さ来〟っていう若い衆がいて、そいつが考えた言葉なんだよ。『ビバリー』の「ビバリスト」を考えたのは水道橋博士。みんな名付け親がいるんだよ。

三宅 昔のラジオは温かいハガキも読むし、面白い話も読んで。たけしさんの『オー

×高田文夫

人の意見は聞かない。時代に合わせることもない。
自分のスタイルを貫くことが共通項

ルナイト』みたいなオープニングからずっとフリートークなんて番組ないですよ（笑）。

高田 三宅さんなんかちょっと後輩だから、俺らの聴いててひどいなこの人たちって思ったでしょ？

三宅 ひどいっていうか、これは作家も台本もないなってのは聴いててわかるんですよ。一人が面白いことを言ったんだけどちょっとスベったなって思うと、相方が必ずそれをフォローするように次のネタをしゃべるっていう。二人いてこれが成り立ってるなっていう感じがすごくしましたよね。自由にしゃべってる感じがすごくよかったですね。

高田 三宅さんの番組で「ヤッちゃん」とかやってたけどさ、『オールナイト』でニッポン放送に行くと、「ヤッちゃん」とか聞こえてくるんだよ。大丈夫かよこれって（笑）。ウチでやっちゃったらホンモノになっちゃうからさあ。

三宅 歌舞伎町で舞台やった時に、歌舞伎町歩いてたらその筋の人に見つかって「あ、三宅裕司だ！　兄貴！　コイツですよ、ラジオでヤクザの悪口言ってるの！」「悪口言ってませんよ！」って（笑）。岸谷（五朗）とか寺脇（康文）とか劇団員がボディガードについてくれて。

高田　あのコーナーは俺にはできないと思った。俺たちがやったらシャレにならないもん（笑）。

三宅　テーマ曲が童謡の「さっちゃん」の替え歌だったんですが、その作者からクレームがついて途中から使えなくなった以外はどこからもクレームはなかったですね。

高田　「ヤッちゃん」のコーナーはよかったよなあ。ウチがやっちゃうとマジになっちゃうから。夜中に怒鳴り込んでくるからね（笑）。ちいさな加山雄三がやるから、さわやかでシャレになるけど、ウチがやったら『アウトレイジ』[8]になっちゃうからできないよね（笑）。

ラジオって笑い声が聴こえてくれば安心するんだよ（高田）

三宅　高田先生はたけしさんと一緒に『オールナイト』やったあと、ご自身でも番組

[8]『アウトレイジ』　二〇一〇年に公開された北野武監督のヤクザ映画。シリーズ化され、計三作品が製作された。

をおやりになりますよね。

高田 やれって言われたからやっただけで、あんまビジョンも何もないんだよ（笑）。

三宅 どういう番組にしようとかなかったんですか？

高田 何もないですね。八十八年、四十歳の時に談志のところで真打に[9]なってるんですよ。落語会やったり、披露目やったり、新ネタ作ったり、ほとんど寝ないぐらいで。その年の暮れに過労で倒れたんだよ。翌年、平成に年号が変わったけど、俺はそのニュース見てないんだよ、倒れて寝てて。二月ぐらいに目が覚めて、仕事も全部やめようと思ったのね。そしたら三月ぐらいにニッポン放送の編成局長と部長が来て、「もう仕事は全部やめますわ」って言ったら、「いや、そうは言わずにさ、もう子どもだけ相手にするのはやめて、今度は大人を喜ばせましょう。昼間だったら朝まで飲まなくなるから」って、そのひと言だよ。仕事やって朝まで酒飲むじゃない、それで体壊しちゃったのね。「昼間に番組があれば朝まで飲むことはしなくなりますよね」「それはわかる」「じゃあ、枠空けます」って言われてさ、それからもう三十五年。

三宅 それが『ビバリー昼ズ』？

高田 そんな理由だよ。人情家のいい人がいたんだね。それで始めて三十五年やってるからね。

三宅 アシスタントは松本明子が最初でしたっけ？

高田 そうです。亀渕（昭信）[10]さんがおっちょこちょいだろ。「高田ちゃん、どうする、どうする？　アシスタントはどうする？」「落ち着けよ」「もう三月だから早く決めないとさ。誰にする、誰にする？」「誰がいいかな……今、アイドルで松本典子って出来のいい子がいるから、松本典子を仕込んどいて」「よし、わかった！　松本典子仕込む！」って話して、当日スタジオに行ったんだよ。そしたら「よろしくお願いいたしまーす」って、松本明子が座ってたんだよ。いたいけな感じ出してさ。「えー、まあいいか」で三十五年だよ（笑）。そんなもんなんだよ。

[9] 談志のところで真打に　立川談志が落語立川流に芸能人・著名人コース（立川流Bコース）をスタートさせ、高田は一九八三年に入門。高座名を立川藤志楼（たてかわとうしろう）として、落語家としても活動をスタート。高田が司会と構成をつとめた落語番組『らくごin六本木』での藤志楼の高座を見たイラストレーターの山藤章二が席亭となり、一九八五年から九四年まで新宿・紀伊國屋ホールで年に一回ペースで独演会を開催。八八年に晴れて真打となり、有楽町朝日ホールで真打披露興行を開催した。[10] 亀渕（昭信）　元・ニッポン放送代表取締役社長。ニッポン放送で制作をつとめ、一九六九年に『亀渕昭信のオールナイトニッポン』でディスクジョッキーとして人気を博す。同期入社でアナウンサーの斉藤安弘と「カメ&アンコー」のコンビでも人気となり、「水虫の唄」を大ヒットさせた。

三宅　松本明子の人生にとってはすごくありがたい間違いですよねえ（笑）。

高田　カメさんおっちょこちょいだからさ、人の話なんにも聞いてないんだ。こっちは早口、向こうはおっちょこちょいだから、伝わらないんだよ。

三宅　そこで高田先生が「違うじゃないか！」って言ってもよかったわけですよね。

高田　それは言わない。そこは、俺は人ができてんだよ（笑）。

三宅　今は松本さん以外にもたくさんのレギュラーの方が出演されてますけど、あれもキャスティングは高田先生が？

高田　あんまり言うとまた間違って来ちゃうからさ（笑）。

三宅　（立川）志の輔じゃなくて、（春風亭）昇太が来ちゃったりねえ（笑）。

高田　俺、志の輔って言ったのに、なんで昇太が座ってんだよ！（笑）

三宅　高田先生的に、こういう人がラジオに向いてるみたいなのってあります？

高田　瞬間が好きだよね。当意即妙っていう、その時に起きてることを面白い言い回しで表現できるといいよね。

三宅　あとはよく笑う人、これは大事ですよね。

高田　ラジオって笑い声が聴こえてくれれば一番安心するんだよ。よく笑ってれば大丈夫。

三宅 『ヤンパラ』はずっと一人だったんですけど、最初に日曜朝の番組を始めた『裕司と雅子のガバッといただき!!ベスト30』は小俣（雅子）[11]がアシスタントでしたね。

高田 小俣とやってたんだね。文化放送にいたね。アイツ元気にしてるかな。

三宅 高田先生みたいに話題豊富で、これだけ長く番組を続けるには、やっぱり体を悪くしなきゃいけないなってことですよね（笑）。

高田 体悪くして、帰ってくる。そうするとみんな同情してくれるから（笑）。

三宅 ラジオだけじゃないですからね、仕事はね。そのほかに酒飲んで、いろんなところに顔出して、それで話題が続けられるっていうね。そうなると、俺は劇団やめなきゃダメなんですよ（笑）。

高田 俺なんか永（六輔）[12]さんにかわいがられたから、永さんに言われた「どこでも顔出しなさい。なんでもいいから見ておきなさいよ」っていうのがやっぱり大きいね。

[11] 小俣（雅子）元・文化放送アナウンサー。『吉田照美のやる気MANMAN!』（文化放送）での吉田照美との軽妙な掛け合いが人気に。

三宅　高田先生とは生き方みたいなのが、なんか全然違うなって感じがしますよね。うちで一生懸命劇団のホン（脚本）ばっかり考えてるようになっちゃうから。そうするともう外のことがわかんなくなっちゃう。

高田　それで芝居を作ると、毎日が稽古場だけになるもんな。

三宅　広がらないんですよ。劇団員に売れてて面白いヤツがいれば、話は別ですけどね。売れてなくて、ネタにならないような真面目なヤツばっかりだから（笑）。だからラジオでも演じることに関してはキチッとやらなきゃいけない。ハガキ職人が書いてきたものをほかのパーソナリティよりうまく演じて読もうっていうのは意識してやってますね。

落語もラジオも、しゃべってる人の人柄を聴きたいんだよ（高田）

高田　三宅さんのすごいのは下町なのに品があるよね。下町の人に品がないわけじゃないけど、三宅さんは品がある。だから好きなんだよ。俺、渋谷生まれのシティボーイでさ、品がないんだよ（笑）。くだらないことばっかりやってるから、俺は。

三宅 そういう意味では、東京の田舎っぺって言われたことありますね。

高田 独特だよね、文化圏が。江戸っ子で、お母さんが踊りやってたりして、そういう血も入っててさ。

三宅 振り返ると、僕はそういうところで生まれ育ったんだなっていうのはありますね。おふくろが日本舞踊教えてて、叔父が芸者の置屋やってて、叔母はＳＫＤ（松竹歌劇団）にいたんですよ。その旦那さんが作曲家で。

高田 すごいよ、本当に芸能一家だね。一代記書けるよ。

三宅 周りが全部芸能関係で。谷村新司さんと初対面で話した時に「なんか日本舞踊の匂いがするんだけど」って言われてびっくりしたんですよ。

12 永六輔　放送作家、作詞家。早稲田大学在学中に三木鶏郎にスカウトされ、放送作家、司会者として活動をスタート。作詞家としても「上を向いて歩こう」「遠くへ行きたい」など数多くのヒット作を送り出した。ラジオパーソナリティとしてＴＢＳラジオ『永六輔の土曜ワイドラジオＴｏｋｙｏ』を一九七〇年から五年続け、一九九一年に『土曜ワイドラジオＴＯＫＹＯ　永六輔その新世界』として「土曜ワイド」枠に復帰。番組は二〇一五年の終了まで二十四年半続き、かつての五年を合わせると二十九年半にもわたる長寿番組となった。

高田　やっぱり感じるんだね。この人はなんか懐かしい感じがするんだよ。俺は渋谷の子だから、すぐに人のフトコロに入っちゃうんだけどさ（笑）。人のフトコロに入るのが好きでね。

三宅　あとは落研だったんで、ダジャレ脳になってるんですよ。何かのリアクションでダジャレを考える脳が動きだしちゃうんですよ。それって面白いネタが出てくるものをすごく邪魔するんですよね。

高田　そっちばかり考えちゃうから、それを外すのが大変なんだよな。

三宅　高田先生の「向かうところ手品師」は大好きですね（笑）。

高田　ありがとうございます。ワタクシの最高傑作です（笑）。手品師はどこ向かってんだ。

三宅　行くとこ、行くとこに手品師がいっぱいいるんですよ（笑）。

高田　それでみんな鳩飛ばしてんだよ（笑）。俺も三宅さんもそうなんだけど、究極だけど、ラジオは、要は人柄なんだよね。要はその人の人柄を聴きたいんだよ。芸を聴きたいんじゃなくて、人柄を聴きたいんだよ。「鶏はトリガラ、人は人柄」っていうのを最近見つけたんだけど、本当そう思うよ。

三宅　劇場ガラガラって今思いついちゃった（笑）。

高田　その脳が邪魔なんだよ！

三宅　そういうのがいらない！

高田　劇場ガラガラ、いいね、いただきましょう（笑）。落語聞いても、どんなうまい人の落語を聞くよりさ、（古今亭）志ん生[13]がフワーッとやってるのを聞くのが面白いじゃない。その人間を観たくてお金払ったり、足運んだりするわけでしょ。談志が観たいと思うのもさ、イヤな人柄だと思って観に行くじゃない。それが観たくて行くんだよね。ラジオだってそうなんだよ。あの人のくだらない話を聴こうかなって思って聴くんだよ。それは人柄なんだよ。別に金持ちの話を聴きたいとか、そういうんじゃないんだよね、それをしゃべってる人の人柄が好かれるかどうか。それは芸事と一緒だと思うね。

三宅　人柄って自分でなんとかできるもんじゃないですもんねえ。

13（古今亭）志ん生　昭和を代表する落語家の一人。軽妙な語り口、十数回の改名、高座での居眠り、酒や貧乏にまつわる数々の逸話などで今なお愛されている。

高田 周りに認めてもらうってことだろうね。

三宅 ラジオは声だけで想像することが多いから、その辺が伝わりやすいっていうのはあるでしょうね。テレビでは隠せることもラジオでは隠せないことがありますよね。言葉尻とかそういうところがすごい伝わっちゃう。笑顔で言ってれば大丈夫だと思ってたことが、笑顔がなくなって言葉だけだと変なところが伝わっちゃう。見た目でごまかせないっていうのはありますよね。

何も書かずラジオで悪口言って金もらう、放送作家っていい商売だなと思った（高田）

高田 結局、俺がどうしてホン（台本）書くのとしゃべるの両方をやってるのかなと思うと、中学時代にラジオ関東っていう今のラジオ日本で毎日十分間『昨日のつづき』[14]って番組があったのよ。その番組は台本も何もないんだよ。青島幸男[15]、前田武彦[16]、大橋巨泉[17]といった当時の売れっ子で時間空いてる人がスタジオに来て、十分間ワーッとしゃべるだけなの。テーマすら書いてないわけ、忙しいからね。スタジオ来て、ただしゃべる。アシスタントの冨田恵子[18]の「今日の話は昨日のつづき、今日のつづきはまた明日。提供は参天製薬」ってナレーションが入ってさ。その番組が聴きたくて、毎日聴いてたの。売れてる俳優でもなんでもぼろくそに言うんだよ。「あいつらバカだからよ。俺たちが台本書かないと何もしゃべれないんだよ」って。それが面白いんだよ。それを毎日聴いてて、俺はそれに憧れたの。

三宅 なるほどねえ。

高田 何も書かずに、作家って名乗って、悪口言って金もらって帰るんだよ。いい商売だなと思ってさ（笑）。こんな仕事が世の中にあったのかと、まだ昭和三十七年だ

---

[14]『昨日のつづき』 ラジオ関東（現・ラジオ日本）で一九五九年から七一年に放送されたラジオ番組。[15]青島幸男 作家、放送作家、作詞家、タレント。「スーダラ節」など一連のクレージーキャッツ楽曲の作詞や、『おとなの漫画』『シャボン玉ホリデー』などで構成を担当。タレント、司会、俳優と幅広く活動。政治家として、参議院議員、東京都知事をつとめ、小説家として『人間万事塞翁が丙午』では直木賞を受賞するなど、マルチに活躍した。[16]前田武彦 タレント、放送作家。『シャボン玉ホリデー』などの放送作家のほか、『巨泉・前武ゲバゲバ90分！』や『夜のヒットスタジオ』『笑点』の司会など、タレントとしても活躍。「マエタケ」の愛称で親しまれた。[17]大橋巨泉 タレント、放送作家。早稲田大学在学時にジャズバンドの司会者として活動。司会者として『11PM』『クイズダービー』『世界まるごとHOWマッチ』など数多くの人気番組を担当。ジャズ評論家、競馬評論家、実業家などさまざまな分野で活躍した。[18]冨田恵子 女優。ラジオ『昨日のつづき』ではアシスタントをつとめた。

からねえ。俺がペンを持たずにしゃべってるのは『昨日のつづき』の影響だよ。青島さんも『シャボン玉（ホリデー）』[19]とかで売れっ子で、こっちに手ぶらで来るんだよ。それで俳優とかコメディアンの悪口言うんだよ。「あいつら勘が悪くてよ」とかめちゃくちゃ言う。『シャボン玉』見たり、『昨日のつづき』聴いたりして、「放送の作家ってのがいるんだ、いい加減な商売あるな」と思ってさ（笑）。

三宅　そうか、子どもの頃は面白いかどうかでしか見てなかったから、作家がいるかどうかなんて考えて見てなかったですねえ。

高田　しゃべってくることがタレントより面白いんだから。俺はそれを見抜いたんだよ。クレージー（キャッツ）[20]でもなんでもタレントが出てしゃべっててもそんな面白いことは言ってないんだよ。でも『昨日のつづき』で青島さんとかがしゃべってるのはめちゃくちゃ面白いんだよ。だからやっぱこの人たちはすごいんだなと思ったね。このラジオ番組が子ども心に好きでねえ。

三宅　青島さんとかその番組に出てた作家の仕事は、相当いろいろなものを見たり、興味を持ったりしてないとできないですよね。そういう人たちだったんでしょうね。

高田　みんな大学でバンドマンだから。

三宅　ああ、そうかあ。

高田　当時はテレビ局のディレクターもジャズバンド上がりがそのまんま入ってきて。

三宅　そうですねえ。

高田　井原のターさま（井原高忠[21]）が典型的だけど、逆さ言葉[22]使ったり、みんな元はジャズマンだからね。だから小気味よいコントができたんだよ。作曲家のすぎやまこういち[23]さんもフジテレビの元ディレクターで、青島さんの中学の同級生なんだよ。すぎやまこういちがフジテレビに入って、クレージーキャッツで毎日生放送で『おと

19『シャボン玉（ホリデー）』　一九六一年から日本テレビ系で放送された音楽バラエティ番組。ザ・ピーナッツ、ハナ肇とクレージーキャッツをメインに、歌とコントで構成。植木等の「お呼びでない？こりゃまた失礼致しました！」など数多くの流行語も誕生した。20クレージー（キャッツ）　ハナ肇とクレージーキャッツ。音楽ギャグを得意とするジャズバンドとして人気を博し、『シャボン玉ホリデー』などのテレビ番組で国民的なグループに。メンバーはハナ肇、植木等、谷啓、安田伸、石橋エータロー、桜井センリ、犬塚弘。グループとしてテレビ、映画に出演するほか、各メンバーも俳優やタレントとしても活躍。21井原高忠　『光子の窓』『巨泉×前武ゲバゲバ90分！』などを手がけたテレビプロデューサー。大学時代はウエスタンバンドのベース奏者として活躍。日本テレビに第一期社員として入社後、渡米し、アメリカのテレビ制作の現場に立ち会う。その制作ノウハウを持ち帰り、日本のバラエティ番組で実践した。ザ・ピーナッツ、とんねるずの名付け親でもある。22逆さ言葉　テレビ創世記のテレビマンたちがジャズなどのミュージシャン出身者が多かったことから、「ヤノピー」（ピアノ）、「トーシロー」（素人）などミュージシャンたちの間で隠語的に使われていた言葉が、テレビ業界内でも使われるようになった。

なの漫画』[24]ってやるんだけど、青島さんが台本も書いたことないのに呼ばれて「ちょっと毎日コント書いてくれよ」って、あの頃はそんなもんなんだよ。それで青島さんがクレージーキャッツのコントを書くんだよね。

三宅 坂本九さんの「悲しき六十才（ムスターファ）」[25]も詞は青島さんなんですよね。電車の中で書いたって言ってましたよ（笑）。

高田 みんなすごい才気走ってたよね。

三宅 もともと僕も『シャボン玉ホリデー』や高田先生の話と同じで青島さんにも憧れたし、全部憧れたものが東京のものなんですよね。

高田 それは基準に落語っていうのがあって、笑いっていうのはやっぱりそこからだよね。子どもの時に落語を聞いて、そこからコントとかに広がっていくんだけど、笑いの基準っていうか元はやっぱり落語にあるね。関西では漫才の文化で、二人寄ればってなるんだけど、東京は一人で落語っていうのはあるだろうね。

三宅 （古今亭）志ん朝[26]師匠が大好きすぎて、息の仕方まで真似して昇太に怒られました。「そういうことやってるとダメですよ」って（笑）。

高田 俺は（月の家）圓鏡[27]さんなんだよ、実は。しゃべりもギャグも全部パクったの。

圓鏡さんから恨まれたねえ。『ビバリー昼ズ』が始まる前日まで月の家圓鏡がレギュラーでしゃべってたんだよ。「俺の仕事、みんなあんちゃんが持ってくな！」って(笑)。談志、圓鏡でニッポン放送でラジオやってたでしょ。のちに談志の会に呼ばれて、談志・高田でアレやらされたもん。談志師匠が木魚叩いてね。アレに憧れて民夫ともラジオやったしね。お互い、ナンセンスを言い合うってだけで。民夫も口が悪いからさ、相手の弱みを見つけるのがうまいんだよ。アイツは性格が悪いからねえ。相手が弱っ

23 すぎやまこういち　作曲家。開局準備中のフジテレビに入社し、ディレクターとして『おとなの漫画』『ザ・ヒットパレード』などを手がける。退社後は作曲家としてザ・タイガースやザ・ピーナッツに数々の楽曲を提供。生来のゲーム好きから『ドラゴンクエスト』シリーズのほぼすべての作品の作曲を担当し、自身のライフワークとなる。24『おとなの漫画』一九五九年から六四年までフジテレビで放送されたバラエティ番組。月曜から土曜まで毎日昼の十分間生放送され、その日の時事的な話題やニュースを題材にしたコントをクレージーキャッツのメンバーが演じた。25 坂本九さんの「悲しき六十才(ムスターファ)」　坂本九がボーカル時代のダニー飯田とパラダイスキングが一九六〇年にリリース。中東の民謡「ムスターファ」に青島幸男が訳詞をつけた。26（古今亭）志ん朝　古今亭志ん生を父に、金原亭馬生を兄に持つ落語家。志ん生に入門後、五年という異例の早さ、二四歳で真打に昇進。タレント、俳優としても幅広く活躍した。小気味よい語り口に定評があり、高田文夫が「何百年という落語史上ナンバーワン」と太鼓判を押す大名人。ますます円熟味を増していくと落語ファンの誰もが思っている中、二〇〇一年、六三歳の若さで死去。27（月の家）圓鏡　五代目月の家圓鏡。一九八二年に八代目橘家圓蔵を襲名。その明るい芸風で、高座だけでなく、テレビ、ラジオ、CMなどでも人気に。六〇年代から八九年までニッポン放送でラジオパーソナリティとしてレギュラー番組を持ち、『圓蔵・まみのお昼だヨイショ！』終了後、『ラジオビバリー昼ズ』がスタートした。

てるところをえぐってくるんだよ（笑）。

三宅 景山さんにはえぐられた、えぐられた（笑）。

伊東四朗から三宅裕司へ 東京コント王道伝承（高田）

三宅 高田先生にも来ていただいた「熱海五郎一座」も、もう二十年になりました。よく二十年も続きましたよ。

高田 伊東四朗から三宅裕司、見事に受け継いでやったよね。俺が二十年以上前に『笑芸人』って雑誌で「伊東四朗から三宅裕司へ　東京コント王道伝承」って特集を組んだんだよ。あのテーマがそのまま続いてるからね。

三宅 自分で東京喜劇、東京コントって言い出した覚えはないんですよね。たぶん、高田先生にやっていただいた雑誌の特集とか、周りが言ってくれたのでこれにしようみたいなことだったと思いますね。萩本欽一さんも「もう昔知ってる人はみんな死んじゃってるからいいんじゃないの。三宅ちゃんが東京喜劇って言っちゃったら東京喜劇だから」って言ってくれて。

高田 ああいうのやってる人もいないからな。特に喜劇なんてしょっちゅう揺れ動いてるからいいんだよね。キチッとしないでさ。「アチャラカ」[28]なんて、あちらから、西洋から来たもの、っていう意味だからね。だからふざけてやっていいんだよ。

三宅 お年寄りが楽しめるテレビバラエティがあまりない中、熱海五郎一座はお年寄りの憩いの場になってますから。

高田 一か月、よくあれだけお客さん集めたよ。あり得ないよね、素晴らしいよ。

三宅 全部満席でしたからね。国際フォーラムのビバリーのイベント[29]もすごかったみたいですね。

高田 俺のことが好きな人だけで五千人集まったからね。日本中から「高田さーん!」

[28]「アチャラカ」 オペラをベースに作られた昭和初期に流行した軽演劇のスタイル。[29]国際フォーラムのビバリーのイベント 二〇二四年六月に東京国際フォーラムで開催されたイベント『ニッポン放送開局70周年記念「高田文夫のラジオビバリー昼ズ」リスナー大感謝祭～そんなこんなで35周年～』。高田文夫、松本明子、清水ミチコ、ナイツら番組レギュラーのほか、ゲストに爆笑問題、宮藤官九郎、サンドウィッチマン、神田伯山、純烈が出演。チケットは完売。五千人の観客が会場を埋め尽くした。

って来るんだから、あれは気持ちよかった。役者さまの気持ちがわかったよ。

三宅 やめられないですよね。

高田 やめられない。やっぱり五千人の愛情、思い入れがすごい。気持ちいいね。何言ったって笑うんだから（笑）。

三宅 長く番組をやってて、時代によって変わってきたみたいなことってありますか。

高田 そんな感じはないけどな。変わったなと思えばやめればいいんだし。俺は人の意見にそんなにおもねらないのよ。ＳＮＳもやらないし、意見も一切聞かないから。自分の好きなことだけやってんの。だからそういうストレスは何もない。

三宅 笑いを作るのって人に合わせてたらあんまりできないですもんね。自分が面白いと思うことをやって、そこにお客さんが来てくれる、聴いてくれるかどうかっていう。僕もこの時代にこの笑いが合うかとかあんまり考えないですよね。自分もその時代に生きてるわけだから。

高田 理屈っぽくなるのもダメだよな。お互い、年格好も近いし、もう少しがんばれたらいいですよね。古いことを知ってる人間がケースバイケースでいろいろ言ってってたほうがあとの世代に残せるからね。

対談を終えて

どうも、ちいさな加山雄三です（笑）。結局、いいパーソナリティになるためには人柄を磨けってことになるんですね。高田先生が子どもの頃に「放送作家が一番面白いんだ」ってことに気づいて、そこを目指して今があるという話も興味深かったですね。自分が東京のものにしか憧れてなかったっていうのも再確認できましたし、いろいろと発見や新しい気づきがある楽しい対談でした。

×土田晃之

『ヤンパラ』の
ヘビーリスナーだった中学生が、
『オールナイトニッポン』の
パーソナリティになり、
いまやニッポン放送の
日曜お昼の顔に

一九七二年、東京都生まれ、埼玉県育ち。一九九一年に専門学校時代の同級生とお笑いコンビU-turnを結成。太田プロダクションに所属、一九九二年にデビュー。『GAHAHA王国』（テレビ朝日）や『ボキャブラ天国』（フジテレビ）に出演したことで人気を集める。一九九六年～九七年に『U-turnのオールナイトニッポン』（ニッポン放送）を担当し、一九九九年～二〇〇〇年には『@llnightnippon.com』を担当。二〇〇一年からはピン芸人として活動。趣味であるガンダム、サッカー、ウォーキング、漫画、家電などの知識に定評があり、数々のバラエティ番組に出演。二〇一四年に放送が始まった『土田晃之日曜のへそ』（ニッポン放送）が今年で十周年を迎えた。

きっかけは『ヤンパラ』内の箱番組『おニャン子の危ない夜だよ』（土田）

三宅　土田くんは『ヤンパラ』リスナーの代表ということで。どうぞよろしくお願いします。

土田　僕が代表ですか？　大丈夫かな……いや、でも、毎日聴いていたのはたしかなので。

三宅　『ヤンパラ』を聴き始めたのは、何年生の時？

土田　中一です。一九八五年。僕が一九七二年生まれなので、十三歳の時ですね。

三宅　中学一年生か。ちゃんと覚えてるんだね。

土田　聴くようになったきっかけも覚えてますよ。僕は当時おニャン子クラブが大好きで、同級生から「おニャン子がニッポン放送で『おニャン子の危ない夜だよ』[1]っていうラジオやってる」って教えてもらったんですよ。

三宅　うわ、懐かしい。久しぶりに聞いたよ、その番組名。

土田　その『おニャン子の危ない夜だよ』っていうのは、『ヤングパラダイス』の中にある、いわゆる箱番組っていうやつだったんですよね。

三宅　そうそう。『ヤンパラ』の途中で放送される十分間の番組。

土田　十分番組は『おニャン子の危ない夜だよ』だけじゃなく、チェッカーズの『おねがい！チェッカーズ』[2]とか、『どんまいフレンド』[3]とか、いろいろありましたよね。

三宅　あった、あった。だから僕の番組ということではなく、その十分番組に出てるアイドルを目当てに聴いてるリスナーもたくさんいた。

土田　僕も最初はその入り方で、おニャン子のファンとして聴き始めたんです。あの頃、テレビはお茶の間に一台しかなかったけど、ラジカセは自分の部屋にあったので。ただ、僕が住んでいた埼玉県はニッポン放送の電波が入りづらくて、ラジカセのアン

[1]『おニャン子の危ない夜だよ』『ヤンパラ』内で月～木曜日に放送されていた、おニャン子クラブのメンバー数人による「放課後のおしゃべり」がテーマの約十分間の箱番組（番組内番組）。一九八六年にはテレビ版が放送、吉田照美が総合司会をつとめた。[2]『おねがい！チェッカーズ』『ヤンパラ』内で月～木曜日に放送されていた、チェッカーズがパーソナリティをつとめる約十分間の箱番組。[3]『どんまいフレンド』『ヤンパラ』内で放送されていた約十分間の箱番組。ニッポン放送で一九七〇年代から続く男性二人によるトーク番組「〇〇君と〇〇君」シリーズを継承し、風見しんごと嶋大輔などがパーソナリティをつとめた。

ゲスト　土田晃之

『ヤンパラ』のヘビーリスナーだった中学生が、『オールナイトニッポン』のパーソナリティになり、いまやニッポン放送のお昼の顔に

テナを立てて、部屋をウロウロしながら、電波の入りやすい場所を探してましたよ。

三宅 おニャン子きっかけだったのに、その十分番組以外も聴くようになったの？

土田 たしか『おニャン子の危ない夜だよ』は遅い時間、『ヤンパラ』の中でも最後のほうに放送されていたんですよね。夜の十時から『ヤンパラ』が始まって、箱番組が四つくらいある中で、後半の二つが『おねがい！チェッカーズ』と『おニャン子の危ない夜だよ』だったはず。『おねがい！チェッカーズ』が夜の十一時半とかで、さらに遅い時間の最後が『おニャン子の危ない夜だよ』でしたよね。

三宅 そんなような気がする。その二つは遅い時間だった。

土田 だから聴き逃さないために、早い時間からスタンバっていたので、自然と本編のほうも聴くようになって。聴いているうちに『ヤンパラ』も面白いと思って、だいぶ早い段階で、番組開始の夜十時から聴くようになりました。そこから気づいたら『ヤンパラ』本編のコーナーのほうをむしろ楽しんでいる感じで。

三宅 それはありがたいね。『おニャン子の危ない夜だよ』って、どういう番組だったっけ？

土田 メンバーの子たちが、どこに行ったとか、こんなことがあったとか、たわいない話をする番組でした。でもファンとしては面白い話を求めているわけじゃないので。ただ、どっかで物足りなさも感じていたのかもしれませんね。それで「ドカンクイズ」[4]とか「恐怖のヤッちゃん」のほうに面白さを求めていたのかも。

三宅 番組宛てにハガキを出したりもしてたの？

土田 ハガキは出したことなかったですけど、イベントみたいなのに参加したことはありますよ。「ヒランヤ」[5]のコーナーでクイズが出されたことがあって。浦和駅前にイチゴのTシャツを着たニッポン放送の社員がヒントを持って立っています、っていうのがあったんですよ。それで、地元の大宮から友達と一緒にチャリ漕いで浦和駅まで行って。すぐにそのイチゴのTシャツを着た社員さんを見つけて、ヒントももらったんですけど、クイズの正解は全然わかりませんでした。

三宅 「ヒランヤ」はほかにもどっかにヒントを隠す、みたいなことやってたなぁ。

---

[4]「ドカンクイズ」　リスナーが電話でクイズに参加する『ヤンパラ』の名物コーナー。出題される複数の問題中に紛れている〝ドカン〟に当たると、それまで獲得した賞金が没収される。[5]「ヒランヤ」　瞑想家・山田孝男によって発見された「黄金世界から地球を救うために届けられた輝く六芒星」のこと。『ヤンパラ』で三宅が紹介したことで一大ブームとなり、書籍『これが噂のヒランヤだ』がニッポン放送出版より発売された。

吉田　王子の飛鳥山公園[6]ですね。

三宅　そうだ、そうだ。あれも大変なことになったんだよ。大量のリスナーが飛鳥山公園に行っちゃって。

吉田　「ヒランヤ」は時代にも合ってたんでしょうね。あの昭和の時代、ＵＦＯとか心霊現象とかピラミッドパワーがブームで、テレビでは川口浩探検隊[7]にユリ・ゲラー[8]。そこへきて「ヒランヤ」は新しい響きだった。

三宅　たしかサンスクリット語なんだよね。

吉田　それと、あの三角形が二つ重なったマーク。

三宅　六角形のね。

吉田　なんでしたっけ、その六角形の「ヒランヤ」マークの上に置いておくと……。

三宅　花が枯れないとかっていう。

吉田　そうだ、六角形の上に花瓶を置くと、花が枯れない。

三宅　でもあれ本当なんだよ。実際にスタジオで試したんだから。

吉田　そうなんですか。でも当時はもちろん信じてましたよ。本を買うと、付録で金色の「ヒランヤ」のシールが付いてるんですよね。中学生でお金なんてなかったけど、あの「ヒランヤ」の本、買いましたもん。ピンク色の表紙で。

三宅 本まで買ってたんだ。

土田 僕だけじゃなく、同級生たちも夢中でしたよ。学校の休み時間には、友だちと「ドカンクイズ」やってましたから。全国の学校で、やってる中高生たくさんいたと思いますよ。そのくらい『ヤンパラ』の人気はすごかったんです。「ヒランヤ」のコーナーだけで本が出るし、「恐怖のヤッちゃん」なんか本だけじゃなく、映画にもなりましたもんね。

三宅 映画化されたねぇ。僕と小倉（久寛）も出ましたよ。

6 王子の飛鳥山公園　東京都北区王子にある公園。『ヤンパラ』の「ヒランヤを街のどこかに隠した」企画の有力候補となり、リスナーが押し寄せた。詳細は宮本幸一さんとの対談を参照。7 川口浩探検隊　一九七〇年代から八〇年代にかけて、テレビ朝日の『水曜スペシャル』で放送された伝説的人気シリーズ企画。俳優の川口浩を隊長に、未確認生物や人類未踏の地を求めて世界中を探検した。8 ユリ・ゲラー　イスラエル出身で「超能力者」を名乗り、一九七〇年代に「スプーン曲げ」を披露、日本中にオカルトブームを巻き起こした。

初めてのニッポン放送での仕事は『松村邦洋のオールナイトニッポン』の電話番（土田）

三宅　あの頃は今よりラジオが身近だったのかな。

土田　ですね。今みたいにイヤホンして何かしながら聴くみたいな感じではなく、ただラジオを聴くだけの時間でした。僕がラジオを聴くようになったのは『おニャン子の危ない夜だよ』きっかけですけど、そこからけっこう聴くようになったんですよ。月曜から木曜が『ヤンパラ』で、金曜日は関根勤さんの『TOKYOベストヒット』[9]とか。おニャン子クラブは『TOKYOベストヒット』にもアシスタントとして出てたんです。

三宅　『オールナイトニッポン』も聴いてた？

土田　『ヤンパラ』からの流れで聴いてました。ただ、中学生にとって深夜の1時から三時までっていうのは起きてられないんですよ。どうしても聴きたかった火曜日の『とんねるずのオールナイトニッポン』[10]は、カセットに録音してましたから。僕のラジカセにはオートリバースの機能がなくて、なんとか頭の一時間、深夜二時まではがんばって起きて、二時になったらカセットをひっくり返して、やっと寝る、っていうのやってました。だから『ヤンパラ』の夜十時スタートっていうのは、ラジオのゴールデンタイムだったんですよ。

三宅 そのくらいの時間なら中学生でも起きていられたんだな。

土田 『オールナイトニッポン』の時間は中学生にはキツかったですね。火曜日のとんねるずさん以外だと、水曜のキョンキョン（小泉今日子）、金曜日のウッチャンナンチャン、その前はＡＢブラザーズだったかな。あ、月曜日はデーモン小暮だ。

三宅 よく覚えてるねぇ。じゃあ『ヤンパラ』のコーナーで「出前鼻血ショー」は覚えてる？

9『ＴＯＫＹＯベストヒット』 一九八四年から九〇年の金曜夜に放送されていた番組。初代パーソナリティを音楽評論家の伊藤政則、二代目を関根勤がつとめ、アシスタントにはおニャン子クラブ、田中律子、森高千里などが起用された。 10『とんねるずのオールナイトニッポン』 一九八五年から九二年に放送。当時のとんねるずは『ねるとん紅鯨団』（関西テレビ）『とんねるずのみなさんのおかげです』（フジテレビ）、『とんねるずの生でダラダラいかせて!!』（日本テレビ）といったバラエティ番組で人気絶頂だった。

土田　どんなコーナーですか？

三宅　ストリッパーが受験生のところへ行って、「元気出してがんばってね！」って、その場でストリップするの。

土田　今なら放送できない企画ですね。

三宅　変なコーナーいっぱいあったからね。

土田　聴いてたはずなのに、覚えてないコーナーもたくさんありそう。

三宅　「勝新パンツ合戦」っていうのもあったな。当時話題になった勝新太郎さんの記者会見があったでしょう。

土田　「もうパンツははかない」っていうやつですね。

三宅　そうそう。勝新さんの「気がついたら入っていた」っていう発言があって。その「勝新パンツ合戦」のコーナーは、リスナーがパンツの中に何でもいいから入れて、写真を撮って送ってもらうの。で、その写真を見て、俺が批評するっていう。

土田　ラジオっぽい企画ですねぇ。ラジオって、まずリスナーが参加しやすくて、その時に話題になっていることをコーナーにしますよね。

三宅　チェッカーズがリスナーの自宅へ行くってのもあったな。

土田　それはなんとなく覚えてます。

三宅　当時大人気のチェッカーズが、いきなりファンの家に行くんだよ。それで玄関を開けた瞬間、みんな「キャ――――！」って、すごい声出して驚くの。ほんとただそれだけのコーナー。

土田　僕も若手の頃は、ラジオの企画でいろいろやらされましたよ。それこそ、最初は電話番ですよ。

三宅　ラジオ局で電話番するの？　若手芸人が？

土田　番組は『松村邦洋のオールナイトニッポン』[11]でしたね。ノンキーズっていうコンビと、うちらU－turnの二組で、ニッポン放送のスタジオの手前にある電話に出るんですよ。「はい、松村邦洋のオールナイトニッポンです」って。そこで電話の向こうのリスナーがいろいろ言ってるのをメモして、ディレクターさんや作家さんに渡す、っていう。生放送中ですから、スタジオと中継みたいなこともやりましたね。

11『松村邦洋のオールナイトニッポン』　一九九三年から九九年に放送。松村得意のものまねはもちろん、タレントからミュージシャンまで幅広いゲストも人気だった。

×土田晃之

『ヤンパラ』のヘビーリスナーだった中学生が、
『オールナイトニッポン』のパーソナリティになり、いまやニッポン放送のお昼の顔に

三宅　若手はまず中継からだもんね。

土田　あとは、ニッポン放送の玄関の前でネタをやるっていうのもありました。夜中だから客なんて誰もいないのに。ただ、ちょうどその時間に、雛形あきこさんが収録でニッポン放送に来てたんですよね。なので、出待ちしている雛形あきこさんの追っかけの男たち三人の前でずっとショートコントやりましたよ。毎週その三人だけがいるから、だんだん仲良くなっちゃって。ニッポン放送での最初の仕事は、そんな感じでしたね。

結婚パーティにリスナーを呼んで、さらにホテルの部屋から生中継（三宅）

三宅　おニャン子を好きになる中学生より前は、ラジオはそんなに聴いてなかった？

土田　小学生の頃は家族で車で出かける時に、車の中で聴いてました。今でも覚えているのは、文化放送でやっていた『決定！全日本歌謡選抜』[12]っていう、トヨタの一社提供の番組。毎週日曜日のお昼過ぎから夕方くらいまでやっていて、小川哲哉さんというアナウンサーが司会でした。歌手の人と電話をつなぐコーナーとかもあって、その小川さんが馴れ馴れしいんですよ。アシスタントの方が「今、田原俊彦さんと電話がつながってます」って言うと、小川さんが「あ、もしもし、トシ？　トシ？」みたいな感じで。中森明菜さんの時にも「あ、アキナ、アキナ？」って、下の名前を呼び捨てにしていて、しかも必ず二回言うんです。

三宅　そんなことまで覚えてるんだ。別に夢中になって聴いていたわけじゃないんでしょう？

土田　全然、車の中でついてるから聴いてただけです。なのに覚えてるんですよ。

三宅　ラジオでしゃべっている立場としては、なんかおそろしいね。そんなに記憶に残るんだ。

土田　それに比べたら、『ヤンパラ』は前のめりで聴いてましたし、次の日には学校で友だちとしょっちゅう話題にしてましたからね。

12 『決定！全日本歌謡選抜』　一九七六年から九〇年にＮＲＮ系列で放送されていた、電話リクエストによる集計をもとに邦楽ベストテンを決定するラジオ番組。パーソナリティは各放送局によって異なっていた。

✕ 土田晃之

『ヤンパラ』のヘビーリスナーだった中学生が、
『オールナイトニッポン』のパーソナリティになり、いまやニッポン放送のお昼の顔に

三宅 俺の声、聴きづらくなかった？ 番組を始めたばかりの頃は「声がおじさんっぽい」って、よく言われたんだよ。ハスキーだしさ。

土田 『ヤンパラ』が始まった時って、三宅さんおいくつですか？

三宅 三十二かな。三十三になる年。

土田 めっちゃ若い頃ではないんですね。声に関しては、当時は気にならなかったですけど、よく考えたらラジオ向きってわけではないのかもしれないですね。ただ、別に聴きやすさを求められるアナウンサーとは違いますから。

三宅 しかも、あの頃は『ビートたけしのオールナイトニッポン』が大人気で、ああいう突っぱねるようなしゃべり方を求められていた時代だった。でも俺はできなかったんだよ。

土田 三宅さんのしゃべりは優しいというか、リスナーに話しかけてくれる印象でした。それこそ、たけしさんとは真逆の。

三宅 たけしさんはテレビでも人気だったけど、当時のラジオはまだテレビで人気になる前の人たちがやっていたんだよね。

土田 まずラジオで人気になったあと、テレビに、っていう流れは確実にありました。

あ、でも、とんねるずさんが『オールナイトニッポン』だけは別格だって、ずっと言ってたんですよ。だからこそ、自分たちは『オールナイトニッポン』を大事にするんだって。それで、タカさんが最初の結婚をした時も『とんねるずのオールナイトニッポン』で発表したりとか。そういうのは刷り込まれてますね。

三宅 結婚は俺も『ヤンパラ』で発表したなぁ。浅草ビューホテルで結婚パーティをやったんだけど、リスナーも呼んだんだよ。

土田 え〜!? リスナーを呼ぶってすごいですね。

三宅 結婚式のあと、妻と二人でいるホテルの部屋から生中継もしたからね。

土田 そういう近しい距離感は、ラジオにとってすごく大事ですよね。結婚パーティにまで呼ぶのは、さすがに近すぎますけど(笑)。

三宅 リスナーと電話をつなぐことも多かったけど、みんな敬語じゃなく、友だちとしゃべるみたいな言葉遣いだったな。

土田 きっと緊張してたんですよ。いくら近い距離に感じていたとはいえ、やっぱり憧れの人ですから。大人としゃべるのも慣れてないし。あとは、多くのリスナーはバリバリ思春期だったと思うので、一番なめられたくない時期でしょう。『ヤンパラ』

✕ 土田晃之

『ヤンパラ』のヘビーリスナーだった中学生が、
『オールナイトニッポン』のパーソナリティになり、いまやニッポン放送のお昼の顔に

に出るなんて、次の日には必ず学校でも話題になるので、だいぶ気張っていたんだと思いますよ。

三宅 なるほどね。リスナー側がどういう気持ちだったかは、聞いてみないとわからないもんだね。

土田 そういう若い世代から人気があるって、すごいことですよ。僕が小学校低学年の時は、ちょうど萩本欽一さんが「視聴率100%男」[13]と言われていた時代で、『欽ちゃんのドンとやってみよう!』『欽ちゃんのどこまでやるの!』『欽ちゃんの週刊欽曜日』は全部見てたんですけど。

三宅 『欽ドン』はもともとニッポン放送の『欽ちゃんのドンといってみよう!』というラジオ番組だったんだよね。

土田 そうだったんですか。僕はテレビからしか見てないですけど。で、ドリフターズの『8時だョ!全員集合』も見てました。

三宅 ドリフの作り込まれた演じる笑いはよかったよねぇ。

土田 でもそれが、小学校の高学年になると『オレたちひょうきん族』に移っていくんですよ。

三宅　あ〜、ちょうど『ひょうきん族』が『全員集合』を視聴率で抜く時期だ。

土田　小学校の高学年にもなると、少しでも大人ぶりたい年頃なので、「もう加藤茶とか志村けんは古いよ」「これからは（明石家）さんまと（ビート）たけしでしょ」とか背伸びして言いたがるわけです。でも、大人になって『全員集合』のDVD－BOXを買って見直してみたら、もうめちゃくちゃ面白くて。一緒に見ていた当時まだ幼稚園児だった子どももゲラゲラ笑うんです。だから、子どもや若者の心をつかむって、ほんとすごいんだなって。自分が芸人という仕事をやってるからこそ、それは強く思いますね。

三宅　当時『ひょうきん族』は一世を風靡したけど、子どもが見て笑うのは『全員集合』かもしれないね。

土田　今の子どもでも笑うし、なんなら真似するんですよ。「ご飯にする？　お風呂

13 視聴率100％男　一九七〇年代から八〇年代にかけての萩本欽一は、フジテレビの『欽ちゃんのドンとやってみよう！』、テレビ朝日の『欽ちゃんのどこまでやるの！』、TBSの『欽ちゃんの週刊欽曜日』、三つの冠番組の視聴率の合計が100％を超えるほどの人気だった。

にする？　それとも牛乳？」とかって。そういう意味でも『ヤンパラ』は、小学生は聴いてなかったかもしれませんが、少なくとも中学一年には響いてました。いわゆる尖った笑いもかっこいいけど、広い世代の心をつかむって、実は一番難しい。

三宅　でもきっかけはおニャン子の番組が聴きたかったからでしょう？（笑）

土田　きっかけはそうですけど、三宅さんがパーソナリティじゃなかったら、おニャン子のコーナーだけ聴いて終わり、っていう可能性も全然ありましたからね。

「オールナイトニッポン」の最終回で「二度とニッポン放送には来ねえからな！」（土田）

三宅　ところで、土田くんと最初に会ったのは、いつ頃だっけ？

土田　『THE夜もヒッパレ』[14]の収録で、日本テレビの麹町スタジオですね。

三宅　そうか。その時は歌いに来たの？

土田　だいぶ若手の頃なので、もちろんコンビで呼ばれたとかではなく、最初は「太田プロオールスターズ」っていうので、笑福亭笑瓶さんを筆頭に、ダチョウ倶楽部さん、松村邦洋さん、デンジャラスさんとかもいて、一番下っぱとして僕らU－turnがいるっていう。

三宅 太田プロの事務所の一員として来てたのか。

土田 そうです。僕ら上島竜兵さんを会長に「竜兵会」というのをやっていたんですけど、結成のきっかけは『ヒッパレ』なんですよ。

三宅 どういうこと？

土田 同じ事務所とはいえ、なかなか一堂に集まる機会なんてないので、収録後に上島さんがみんなで飲みに行こうって声かけてくれたんです。ただ、その収録で笑瓶さんがスベっちゃって、「わしは、ええわ」って飲みに来なかったんですよ。で、それ以降も『ヒッパレ』に太田プロオールスターズは呼んでもらって、そのたびに上島さんが飲みに誘ってくれて、それが竜兵会になっていったんです。

14『THE夜もヒッパレ』 一九九五年から二〇〇二年に日本テレビ系で放送された音楽バラエティ番組。三宅裕司と中山秀征が司会、赤坂泰彦が進行役をつとめ、邦楽トップ10にランキングされた曲を、旬のタレントがカラオケ形式で披露した。

三宅　へえ、そうなんだ。

土田　もしあの時、笑瓶さんがスベってなくて、飲みにも来ていたら、笑瓶会になっていたかもしれない。

三宅　それはだいぶ会の性質が変わってくるね（笑）。

土田　とにかく『ヒッパレ』は超人気番組だったので、みんな緊張してましたよ。

三宅　しかも歌を歌わなくちゃいけないし。

土田　歌どころか、踊りまでありましたからね。振付を指導してくれていたのは、宮藤官九郎さんと結婚した振付師の八反田リコさんでした。

三宅　ラジオの仕事をしたのは、いつ頃？

土田　ラジオに声がのったのでいうと、さっき話した『松村邦洋のオールナイトニッポン』の電話番が最初で、そのあと、ニッポン放送でオーディションがあって、それに受かって一度だけ単発で『Ｕ－ｔｕｒｎのオールナイトニッポン』やったんですよ。そこでやったコーナーは評判よかったのに、そのあと違う番組に持っていかれちゃいました。

三宅　それは『ボキャブラ天国』[15]に出てた頃？

土田　まだ出てない、ちょっと前ですね。単発番組のおかげで、そのあと半年限定で、ロンブー（ロンドンブーツ1号2号）と一緒のタイミングで『Ｕ－ｔｕｒｎのオールナイトニッポン』[16]が始まったんです。当時のロンブーはもうテレビの深夜番組を持っていたので、ちくしょうとは思いながらも、ラジオの聴取率では負けなかったんです。聴取率さえ勝っていれば、半年よりも延びるんじゃないかと思っていたんですけど、きっちり半年で終わっちゃいました。それで最終回に「二度とニッポン放送には来ねえからな、バカ野郎！」とかって言ったんですよね。

三宅　若いねぇ。

土田　でも一年後くらいには普通に呼ばれたので、ヘラヘラしながら行きましたよ。

三宅　最初の頃、誰かの真似みたいにならなかった？

土田　自分ではまったく意識してなかったですけど、とんねるずっぽいとか、電気グ

15『ボキャブラ天国』　一九九二年から九九年にフジテレビ系で放送された、タモリが司会のお笑い番組。爆笑問題、ネプチューン、海砂利水魚（現くりぃむしちゅー）をはじめ、数々の芸人がブレイクし、総じて「ボキャブラ世代」と呼ばれる。16『Ｕ－ｔｕｒｎのオールナイトニッポン』　一九九六年十月から九七年四月の木曜二十七～二十九時（木曜二部）に放送。その後もＵ－ｔｕｒｎは一九九九年四月から二〇〇〇年三月に『allnightnippon.com』を担当。

ルーヴっぽいとかは言われましたね。たしかに『とんねるずのオールナイトニッポン』も『電気グルーヴのオールナイトニッポン』[17]もめっちゃ聴いていたので、どっか影響されていたんだとは思いますが。

三宅 中山秀征なんかは思いっきり（ビート）たけしさんのしゃべり方だったからね。

土田 最初は誰でもありますよね。自分が聴いてきた人のしゃべりっぽくなっちゃうこと。でも、そこからだんだん自分のしゃべりができるようになってくる。ただ、最近は芸人でも自分たちのラジオ番組を持つのが遅くなってきて、若気の至りみたいな番組はだいぶ減っているように思います。僕に限らず、前は二十代の前半で番組を持つのが当たり前でしたけど、今だと三十代にはなっているので。それだけ全体的に売れるのが遅くなっている、ってことなんですけど。

テレビは旬の人がしゃべる場所、でもラジオは旬とか関係ない。そこがいい（土田）

三宅 ラジオで自由にしゃべるの、楽しかった？

土田　すっごい楽しかったです。もともとおしゃべりなので、若手だったのもあるし、テレビに出られたとしてもネタをやるか、大勢の中でちょっと振られて一言二言しゃべるくらいしかできなかったのに、ラジオは冠番組で、好きなだけしゃべれる。

三宅　テレビは役割があるからね。

土田　今でもほとんどの仕事はメインやゲストの方を立てるのが役割ですから。それにテレビは、芸人に限らず、俳優さんにしてもタレントさんにしても、基本的に旬の人たちが話す場所じゃないですか。そこがラジオとの大きな違いだなと思っていて。ラジオは別に旬とか関係ない。そこがいいんですよ。

三宅　なるほどね、その違いは大きい。でもそのぶん、ラジオだと最後は笑いで落とさなきゃいけない、みたいなプレッシャーはなかった？

土田　生放送だと、どうしても時間の制約があるので、そこは無理せず、しゃべって

17『電気グルーヴのオールナイトニッポン』 一九九一年から九四年に放送された、電気グルーヴの石野卓球とピエール瀧がパーソナリティをつとめた番組。過激でアナーキーな放送により、カルト的な人気を誇った。なお、もう一人のメンバーだった、まりん（現・砂原良徳）はほとんど出演せず。

る途中でCMにいっちゃったりしてもいいと思ってやってますね。CM明けで続きをまたしゃべればいいか、くらいのテンションで。リスナーともその辺は共有できるので、ちょうど盛り上がってきたところで、オチの前にCMいっちゃったことも楽しんでくれるだろうなって。だから、わざとそういうことしたりもしますよ。

三宅 やるやる。芸人だと、フリートークのネタも困らなかった？

土田 『オールナイトニッポン』をやっている時は、それこそ毎週ラジオのために生活している感じでした。さすがに今はそんなことないですけど、何かしゃべるネタはないかっていつも探しているような感じ。それでも放送は週一回ですからね。三宅さんの『ヤンパラ』は帯だから大変だったんじゃないですか？

三宅 俺はフリートークが本当に苦手でね。苦手というか、イヤでイヤで。

土田 へぇ。イヤイヤやってたんですか。

三宅 演じる笑いは得意だし、それはやりたかったけど、フリートークはしゃべることないもん。

土田 毎日だったらしゃべることもなくなりますよね。

三宅 もう四十年もやってると、話すことも決まってくるわけ。季節ごとに、お正月の話、お盆の話、クリスマスの話って。そんなクリスマスの面白い話なんかいくつもないよ。だから毎年同じような話してる。

土田 そういうの、熱心なリスナーは覚えてるんですよね。

三宅 そう、よく覚えてるんだよ。「またあの話してる」とか言われちゃって。

土田 まったく気にする必要ないですけどね。初めて聴く人のほうが多いだろうし。僕だって言われますよ、「またあの話してる」って。そりゃあ話すよ、面白いんだもん。

三宅 そういう意味では、女房にはだいぶ助けられたな。いまだにネタが尽きない。エピソードの宝庫。

土田 三宅さんの奥さんのエピソードは抜群ですよね。僕が好きなのは、三宅さんが朝起きてきた時に、奥さんが家に来ていたお客さんに三宅さんを紹介する時の話。

三宅 あれは驚いたね。お料理教室で家に彼女の友だちが何人か来ていて、俺がパジャマ姿で入っていったら、女房が「あそこが立っているのがウチの主人です」って。

土田 〝に〟と〝が〟の言い間違い。

三宅 朝の起きぬけで、しかもパジャマ姿っていうのが絶妙だよね。

土田 こんなにちょうどいい下ネタ、なかなかないですよ。

× 土田晃之

『ヤンパラ』のヘビーリスナーだった中学生が、
『オールナイトニッポン』のパーソナリティになり、いまやニッポン放送のお昼の顔に

三宅　一緒にご飯食べに行った時には、店員さんに「たべたべしゃぶ放題で！」って大声で言ったりね。

土田　尽きない人はずっと尽きないですよね。まさに上島竜兵さんがそういう人でしたから。

ハガキ職人たち十人以上を実家に泊めました（土田）

三宅　『オールナイトニッポン』だと、番組宛てにハガキもたくさん届いたでしょ。

土田　届きましたね。うれしかったですよ。こんなに聴いてくれてる人がいるんだっていうのが、目で見てわかりますから。今みたいにメールではなく、ハガキだったのがよかった。字のクセとかを見ると、パッと見でどのハガキ職人が書いたのかわかったりして。

三宅　強調したいところが太い字とか、やたら大きい字で書いてあったりね。ハガキからいろいろ伝わってきた。採用するネタは自分で選んでたの？

土田　最初はスタッフに任せてましたけど、途中からは自分で。それは理由があって、ある週であんまりネタが面白くない時があって、スタッフに「選ばなかったハガキも見せてもらえますか」って見たら、めっちゃ面白いんですよ。これは自分で選ばないとダメだなと思って。それからは入り時間も早くして、自分で選ぶようになりました。相方は相方の好みがあるので、それぞれ別々で選んでました。

三宅　生放送終わりで、外に出待ちとかはいた？

土田　『オールナイトニッポン』の1部をやっていた頃は、ちょうど『ボキャブラ天国』がブームだったこともあって、結構女性たちがいましたね。その中に今の嫁さんも交じっていたんですけど。

三宅　え!?　出待ちのファンと結婚したの？

土田　あ、いや、違います。当時もう付き合っていて、帰りはニッポン放送からタクシー代が出るので、今の嫁さんも終わり時間に待ってて一緒にタクシー乗って帰るっていう。

三宅　そういうことか、びっくりした。あの頃はタクシー券バンバン出てたよね。

土田　どの局でも、深夜とか関係なく、昼間も全部タクシー券でしたよね。

〆土田晃之

『ヤンパラ』のヘビーリスナーだった中学生が、
『オールナイトニッポン』のパーソナリティになり、いまやニッポン放送のお昼の顔に

三宅　『ヤンパラ』終わりは毎日のように飲みに行ってたもんな。曜日ごとにディレクターが違うから、それが楽しみだった。

土田　でもリスナーとの距離でいえば、出待ちよりも、やっぱり常連ですよね。いまだにハガキを出してくれていた常連のことは覚えてますよ。それこそ、まだ実家に住んでいた頃、ハガキ職人の男子十人くらい、家に泊めたことありますもん。

三宅　ええ!?　本当に？

土田　はい。『オールナイトニッポン』の2部をやっている頃で、夏休み期間だったのかな、営業で茨城に行ったら、どっからどう見てもハガキ職人の男の子がいて。もう遠くからでもわかるんですよね。で、営業が終わって、出待ちの女の子たちにサインしていたら、列に交じっていたその男の子が「はじめまして、ハガキ職人のエアブリーフです」って。

三宅　いかにもハガキ職人の名前だ（笑）。

土田　僕もうれしくて「いつもハガキありがとうね」なんて話をしながら、ちょうど次の日にお台場でハガキ職人を集めるイベントの予定があったので、「明日のお台場も来るの？」って聞いたら、「今日ここに来るためにお金使っちゃって、明日は行けないんです」って言うんです。まだ高校生だったから、お金なかったんでしょうね。「じゃあウチ来いよ」って言って、お母さんに電話かけてもらって、僕も電話代わって「太田プロで芸人をやっている土田という者なんですけど」って、お母さんに事情を説明して、そこで許可をもらって。

三宅　お母さんとも電話で話したんだ。

土田　話しました。それで実家に連れて帰って。ウチの実家は人の出入りが多い家だったので、僕の母親も「あら、エアブリーフっていうの？　はじめまして」とか普通に挨拶して。その日泊まって、朝起きたら母親とエアブリーフが二人でこたつに入って朝メシ食ってました。

三宅　すごい話だな。

土田　この話はまだ続きがあるんですよ。

三宅　家に泊めて、まだ続くの⁉

土田　泊めた次の日は、さっき話したハガキ職人を集めたイベントがあるので、僕の車にエアブリーフを乗せてお台場まで行ったんです。

三宅　一緒に行くのかよ！

土田　イベントも無事に終わり、結構遅い時間になっちゃったので、エアブリーフに「ちゃんと帰れる？　電車あるか？」って聞いたら、「もう帰れないかもしれない」って言うんで、じゃあまたウチ来いって。実家は大宮なので、大宮までなら電車もあるから。しかも、そこにもう一人帰れないヤツがいたので、「お前も一緒に泊まれ」って言って、僕は車で先にお台場を出て、大宮駅で待ち合わせをしたんです。

三宅　どんだけ親切なんだ。

土田　で、大宮駅に車で迎えに行ったら、なんか十人以上いるんですよ。僕が先に帰ったあと、ハガキ職人たち同士で仲良くなって、みんなで一緒に飲んでたらしく、そこで「お前ら二人だけ泊まりに行くなんてずるい」みたいなことを言われたっていうんで、「じゃあ呼んじゃえよ」って言ったらみんな連れてきちゃった。

三宅　連れてきちゃったって、そんな十人以上も泊められないよね。

土田　それが泊められたんですよ。ウチは田舎のほうなので、実家の敷地内に離れがあって、よくネタの練習とかに使っていたんです。そこに全員泊めました。

三宅　はぁ……信じられないね。でもどっかで「これはトークのネタになるぞ」っていう意識はあったでしょ。

土田　ネタにするため、っていうことではなかったですけど、ラジオで話そうとは思ってましたね。次の日起きたら、ハガキ職人たちは始発で帰っていて、もういなかったんですけど、寄せ書きの色紙が置いてありました。それぞれラジオネームが書いてあって、奥様ラーメン、ラーメン大盛り麺固め、音太はへこみづら、謎のロシア人デカーチン・ムケルチェンコとかって。

三宅　よくそんなにすらすらラジオネームが出てくるね！

土田　ハガキ職人でいうと、『オールナイトニッポン』が終わってだいぶ経ってからですけど、沖縄へダチョウ倶楽部の肥後さんとかと後輩たちも連れて旅行に行った時に、神社に立ち寄ったら、メガネをかけた女の子が近づいてきて「お久しぶりです。ユーラシアロボです」って言われたことがあって。聞き馴染みのない言葉だから、最初何を言ってるのかわからなかったんですけど、「あぁ！　ラジオネームか！」って思い出して。「あの頃は女子高生だったんですが、今年で三十歳になるので、思い切って仕事をやめて、今一人で沖縄旅行に来てるんです。まさかこんなところで土田さんに会えるとは！」っていう。

三宅　そういう交流があるのはいいね。俺が『ヤンパラ』を始めた時はもう三十過ぎてたけど、土田くんは若かったから、高校生くらいのリスナーとも近かったんだね。

土田 あぁ、それはあるかもしれないですね。僕が『オールナイトニッポン』をやってた頃は二十四歳だったので、高校生でも十歳も違わなかったので。

五百回記念の放送が、実は五百七回だった。そのくらいゆるいのがラジオ(土田)

三宅 今はニッポン放送でお昼の番組やってるよね。

土田 はい、三宅さんの番組『三宅裕司 サンデーヒットパラダイス』のあと、お昼の十二時から『土田晃之 日曜のへそ』[18]という番組を。

三宅 番組が始まったのはいつ頃?

土田 二〇一四年からなので、ちょうど今年で十年です。今五十二歳なんですけど、声かけられた時は四十二だったので、まだ昼の番組をやるのは早いんじゃないかなとも思ったんですけど、今ちょうどいいですね。もう夜より昼のほうがいい。

三宅 日曜の放送だし、多少ゆったりしてるくらいのほうがいいよね。

土田　ですね。リスナーも自分と同世代くらいの人たちが多い印象なので。最初は結構年上の女性の方が多かったと思うんですけど、だんだん追いついてきた感じはあります。四十代から六十代の方がメインじゃないかな。ただ、僕ともう一人、元乃木坂46の新内眞衣さんがパートナーとして隣にいるので、そっちのファンの方も聴いてくれています。

三宅　俺の番組では最新のヒット曲を紹介するんだけど、とにかく英語の曲名が言えなくてね。しょっちゅう間違えてる。そういうのない？

土田　僕は漢字です。信じられないぐらい漢字が読めない。なので、スタッフが全部にフリガナを振ってくれています。

三宅　俺も英語は全部カタカナにしてもらってる（笑）。『ヤンパラ』やっている頃は、たまに六十代のリスナーからハガキが来ると、ちょっとずれていて面白かったんだけど、今は自分が七十代だし、今の六十代なんて全然ずれてないよね。

18 『土田晃之 日曜のへそ』 二〇一四年から現在も続く、日曜お昼十二時からの四時間番組。二〇二二年より元乃木坂46の新内眞衣がパートナーとして加入した。

吉田　六十代なんて現役ですよ。僕は今の番組で普通に八〇年代の話とかしてますけど、同世代の人がわかればいいと思っているんですよね。知らない若い世代もいると思うけど、あえて説明したりはしない。

三宅　家族の話とかも、『ヤンパラ』の時はほとんどしなかったけど、今はコーナーになっちゃってる[19]。

吉田　まぁ三宅さんの奥さんはネタの宝庫なので、特別ですけどね。

三宅　とにかく普段の自分のままでいられるかってことが、長く続ける秘訣なのかもしれないいな。

吉田　自然体が一番ですよ。

三宅　ラジオは表情が見えないから、逆に伝わるものが多いと思うんだよね。リスナーもちょっとした声で敏感に感じ取るでしょう。

吉田　ほんとそうですね。衣裳に着替えることもないし、ヘアメイクもしない、ピンマイクもつけていないので、丸出しですよ。女性ゲストもラジオだとスッピンで来たりしますし。僕なんか短パンにサンダルでブースに入ってそのまま生放送やってますから。

三宅　生放送だとトイレ行っている間にCMが終わっちゃったりね。

土田　別にそれで間に合わなくてもいい。

三宅　遠くから「ごめ〜ん」なんて声が聞こえてくるのもいいんだよね。

土田　それこそ、この前『土田晃之 日曜のへそ』が放送五百回記念だっていうので、ゲストにＴＩＭを呼んだんですけど、その回が実は五百七回だったらしくて。

三宅　だいぶ前に五百回終わってた（笑）。

土田　しかも、それがリスナーからの指摘で判明したりして。そのくらいゆるい感じなんですよ、ラジオは。

三宅　パーソナリティだけじゃなく、スタッフもゆるいんだ。

土田　正直、なんなら話の通じる五人くらいに向けてしゃべっている感覚すらありますよ。

三宅　わかる。俺もそうだ、五人くらいにしゃべってる感じ、あるなぁ。

19 今はコーナーになっちゃってる　二〇一一年から現在も放送中の『三宅裕司 サンデーヒットパラダイス』の名物コーナー、三宅の妻＝マコさまをモデルにした「世界のマコさま！」のこと。

✕ 土田晃之

『ヤンパラ』のヘビーリスナーだった中学生が、
『オールナイトニッポン』のパーソナリティになり、いまやニッポン放送のお昼の顔に

土田　でも結局、十年続いている今の番組が自分の中で一番長いですからね。ゆるいし、狭いけど、長く続けられる仕事。それがラジオだと思います。

対談を終えて

しっかり『ヤンパラ』リスナーでしたね。しかも、勉強しながらとかではなく、ラジオだけを聴いてたってね。当時はそういうリスナーの姿を想像してしゃべってなかったなぁ、なんてことを思いました。そんな土田くんがのちにプロの芸人になって、『オールナイトニッポン』のパーソナリティにまでなったわけだから、大したもんですよ。当時自転車で「ヒランヤ」のヒントを追いかけていた少年と、いまや並んで番組をやっているなんて、ずいぶん長いことニッポン放送にいるんだなって、改めて感じたりもしました。

それと、今回の対談でも感じたけど、土田君は人柄がいいんだよね。多少毒舌っぽいことを言っても、愛されるキャラクターを持っている。ラジオには必須の条件ですよね。ハガキ職人たちを家に泊めたエピソードもすごかった。しかもラジオネームまでちゃんと覚えている。これからも『ヤンパラ』リスナー代表として、長くラジオの仕事を続けてほしいですね。

✕ 土田晃之

『ヤンパラ』のヘビーリスナーだった中学生が、
『オールナイトニッポン』のパーソナリティになり、いまやニッポン放送のお昼の顔に

×
吉田照美

打倒ニッポン放送の
吉田照美
vs
打倒文化放送の
三宅裕司
勝利はどちらの手に？

一九五一年、東京都生まれ。早稲田大学卒業後、一九七四年、文化放送にアナウンサーとして入社。一九七八年、深夜放送『セイ！ヤング』のパーソナリティに抜擢され、一九八〇年開始の『吉田照美の夜はこれからてるてるワイド』で中高生から絶大な人気を得る。一九八五年、文化放送を退社。以降『夕やけニャンニャン』（フジテレビ）、『11PM』（日本テレビ）、『ぴったしカン・カン』（TBS）などテレビ番組の司会としても活躍。ラジオでは一九八七年開始、平日昼の帯ワイド『吉田照美のやる気MANMAN！』を二〇〇七年三月まで担当し、現在は『伊東四朗 吉田照美 親父・熱愛』『てるのりのワルノリ』（ともに文化放送）などに出演中。

合格を伝える電話がつながらない、まさかの電話故障（吉田）

三宅　今回、私が『ヤンパラ』から四十年ということで、いろいろな方とお話しさせてもらってるんですが、照美さんはもうアナウンサーからスタートして五十年になるんですね。

吉田　そう、信じられない。実感はまったくない。異様だよね。そもそも、やっていけるかどうかわかんない感じで文化放送に入れちゃって。

三宅　五十年もしゃべり続けてるってことですよね？

吉田　しゃべり続けるって、大したことじゃないからね。口先だけだから。

三宅　照美さんとは同じ一九五一年生まれで、僕が五月で……。

吉田　僕が一月なんで、学年は僕のほうがひとつ上だけど、そんなに離れてないんですね。

三宅　出身も同じ東京で。

吉田 ウチは小岩だけど、マイナーなとこだから。三宅さんは折り紙付きのチャキチャキの江戸っ子ですからね。僕は両親は群馬県だし。

三宅 『ヤンパラ』は、「打倒！ 文化放送」「打倒！ 吉田照美」を掲げて始まったんですよ（笑）。

吉田 でも、僕が文化放送に入った時は「打倒！ ニッポン放送」でした。とにかくすべてにわたってニッポン放送が一位なんですよ。どの時間帯でもLF（ニッポン放送）には勝てない。夜中もそうだし、夕方はちょっと文化放送が良かったけど、昼や午前中も圧倒的にニッポン放送の天下でしたね。みの（もんた）さんや梶原（しげる）さんといった先輩アナウンサーや、いろいろなタレントさんもニッポン放送に対抗してやったんですが、みんな討ち死にしてて。

三宅 その頃、ニッポン放送は誰がやってたんですか？

吉田 高嶋秀武[1]さん、くり万（くり万太郎[2]）さんの時代ですね。くり万さんは僕の大学の同じサークルの先輩で、先生みたいな存在でした。就職浪人して、社歴的には僕と同期になっちゃった。

三宅 そうなんですね。

吉田　ニッポン放送の入社試験で、くり万さんと僕、サークルの同期でNHKに行った中村克洋[3]の三人が最終に残ったんですよ。でも、ニッポン放送からは連絡が来なくて、落ちたなと思って。その後、文化放送から最終面接結果の連絡が来る日があったわけです。朝からずっと電話を待っていたけど、ウチの電話はくすりとも鳴らない。もうダメなのかなと思って、家庭教師か何かのバイトがあったんで夕方六時ぐらいに家を出ちゃって。両親も「これに落ちたらもうこの子は行くとこがないな」っていうのはわかってるから、家の中もすごく暗い感じで。そしたら、電報が来た。パッと見たら「アシタオイデコウ　ブンカホウソウ」って書いてある。意味がよくわかんなかったんだけど、電話が来なくても電報が来たから、ひょっとしたら……と一縷の望みをかけて、翌日文化放送に行ったんです。そうしたら、のちに僕のデスクになるアナウンサーの偉い方に「お前、きのう一日何やってたんだ！　何度も電話したのに全然出ないじゃねえか！」って、いきなり怒鳴られたんですね。「ずっと朝から電話に張りついてたんですが、チリンとも鳴らなかったですよ」と言いながら、僕もおかしいと思って、当時、四谷の文化放送[4]の一階に赤電話があったんで、ウチに電話をかけたんです。おふくろが絶対家にいるはずなんだけど、コールはしてるのに誰も出ない。

ウチの電話が故障してたんです。普通ではあり得ないそういう故障がその時に起こってた。

三宅 そんな話、聞いたことない。

吉田 もう僕にとっては神の啓示ですよ。アナウンサーにはなりたかったけど、なれないだろうなという気持ちのほうが強かった。大学受験の時も、一浪したけど絶対ダメだと思ってたのが受かってて、その時に一回運を使ってるから二度はないだろうなと思ったら、この時二度目の運が来たんですよ。

三宅 僕はほとんど試験に落ちたことないんですよ。

吉田 腹が立つ（笑）。ホントに？　うらやましいな。挫折とかは？

三宅 一回だけです。芸能座っていう劇団に落ちた時だけですね。

---

❶高嶋秀武　元・ニッポン放送アナウンサー。『大入りダイヤルまだ宵の口』『高嶋ひでたけのお早よう！中年探偵団』などを担当。❷くり万太郎　元・ニッポン放送アナウンサー。本名・高橋良一。吉田照美のアナウンス研究室の一年先輩。『タモリの週刊ダイナマイク』『くり万太郎のオールナイトニッポン』『大入りダイヤルまだ宵の口』などを担当。退社後、❸中村克洋　元・NHKアナウンサー。『どんなモンダイQてれび』『サンデースポーツスペシャル』などを担当。フリーとなり『ワイド！スクランブル』（テレビ朝日）のメインキャスターをつとめた。❹四谷の文化放送　一九五二年の開局から二〇〇六年まで東京・四谷に文化放送の局舎があった。浜松町に移転し、旧局舎は解体された。

吉田　あとはもう順風満帆なんだよね。

三宅　だから落ちる人が信じられない。

吉田　本当にそういう星のもとにあるんだなっていうのは、その時に身をもってというか、痛切に知らされた感じでしたね。

三宅　実はニッポン放送からも電話かかってきたってことはないですかね？

吉田　いやいや、ニッポン放送の連絡は電話じゃなかったと思うんですよ。最終面接の時も「とてもこれは受かる感じじゃない」って、僕が思うくらい悲惨な状況でしたから。

三宅　自分でわかるぐらいだったんだ。

吉田　それはちょっとびっくりですよね。

小島一慶さんとの出会いでラジオアナウンサーを志す（吉田）

三宅　ラジオのアナウンサーを志したのはいつ頃からなんですか？

吉田　そもそも一人っ子で兄弟がいないから、協調性とかはまったくダメなんですよね。一人でいることが楽で、好きな女の子なんかがいても、全然モテるってことはなかったし、どんどん内向的になって、浪人生活でそれがよりひどい状況になってたんです。大学は経済学科だったんで、将来的には銀行とかそういうとこにいくんだろうみたいな感じで、アナウンサーになるなんて全然考えてませんでした。ただ人並みにしゃべれるようになりたいとは思ってました。例えば、女の子とも出会わなきゃいけないだろうし、そこでがんばらなきゃいけないだろうし……やっぱりモテたいっていうのは、当時は大事なことでしたからね。そういうしゃべることをやれるようなサークルってことで、アナウンス研究会が浮かんだんです。キャンパスで激しく勧誘してたんで、「これはいいな」と思って。女の子も半分ぐらいいるみたいだから何か楽しいことあるんじゃないかな的な感じで入ったのが、この道に進む大きな方向性の第一歩ですね。ただ、そこでまた大きな挫折があるんですよ。

三宅　ほう！

吉田　夏合宿っていうのを長野県でサークル全員の百人ぐらいでやるんですが、三年生が先生役でアナウンスコンテストっていうのを一年生、二年生が受けなくちゃいけなくて。フリートークと短いニュースを読むんですが、僕は全然そんなことやったことないから。ニュースは下手くそなりに読めばいいだけで済んだんですけど、問題がフリートークで。テーマがその場で発表されるんですが、名前言ったあとは三分間ぐらいほとんど絶句です。そんなの僕だけですよ。「君、しゃべらないんだったら席に戻っていいから」とか助け舟出してくれればいいのに、ずっとそのまんま。公開処刑ですよ。そんな経験したら、普通はもうサークルやめようとか思うじゃないですか。それが思わないんですよ。来年、二年生になったら雪辱を果たしたいと思っちゃう。これは何だろうね（笑）。

三宅　そこでスイッチが入ったわけですね。

吉田　それでいろいろ聞いていくうちに、うまい人のしゃべりってどういうものなのかなっていうところに考えがいくわけです。アナウンス研究会の先輩でニッポン放送のアナウンサーになった湯浅明[5]さんって方がアナウンス専門学校に通ってたっていうことを小耳に挟んで、みんなに知られないように、こっそりとアナウンス専門学校に入りました。こっちはもう雪辱を果たすために必死だから。学費も結構高かったんだけど、自己紹介ばっかりやらされるんですよ。でも、その自己紹介が難しいんですよね。そんな中でも、三宅さんみたいに笑いをとりながら、印象に残るように自分のことをうまくアピールできる人がいるわけです。でも、自分にはそういうことができなかった。いろいろ聞いていく中で、鈴木健二さんがＮＨＫでやってた特番を録音して聞いてみたりすると、こういうのは自分には絶対できないと思うわけです。そこでようやく深夜放送にぶつかるんですよ。

三宅　それまで深夜放送はあまり聴いてなかったんですか？

吉田　僕ら第一次深夜放送黄金時代の世代だと思うんですけど、その頃は亀渕（昭信）さんとかアンコーさん（斉藤安弘[6]）、土居まさる[7]さん、落合恵子[8]さんがすごい人気でした。今仁（哲夫）さんやアンコーさんの深夜ラジオを高校一年の時に聴いて、

[5] 湯浅明　元・ニッポン放送アナウンサー、ディレクター。産経新聞文化部編集委員を経て、音楽ジャーナリスト。[6] 斉藤安弘　元・ニッポン放送アナウンサー。『オールナイトニッポン』初代パーソナリティの一人。同期入社の亀渕昭信とカメ&アンコーのコンビで人気を集めた。[7] 土居まさる　元・文化放送アナウンサー。若者向け深夜放送のさきがけと言われる『真夜中のリクエストコーナー』のパーソナリティをつとめ、『ハローパーティー』『セイ！ヤング』などの人気番組を担当した。フリー転身後は『TVジョッキー』『象印クイズ ヒントでピント』など数多くのテレビ番組の司会者としてお茶の間の顔に。[8] 落合恵子　作家、元・文化放送アナウンサー。アナウンサー時代は『走れ！歌謡曲』『セイ！ヤング』などを担当。『セイ！ヤング』では「レモンちゃん」の愛称で親しまれた。児童書専門店「クレヨンハウス」を主宰。『偶然の家族』『明るい覚悟』など著書多数。

面白いとは思ったんですけど、そんな時間に起きてたら、翌日学校で使いものにならないから、熱心に聴いてはいませんでした。大学生になって、ふたたび深夜放送を聴いたら、TBSの『パック・イン・ミュージック』で小島一慶[9]さんっていう方がしゃべってて。最初聴いた時に、男なのにずいぶん甲高い声でしゃべる変な人だな、アナウンサーじゃないだろうな、なんて思ってたら、アナウンサーだっていうんで、そこでまず惹きつけられて。

ある日、小島一慶さんがオンエアで泣いているんです。ヘビーリスナーの方が難病か何かで亡くなられて、その方の日記をただ朗読してるだけなんですが、それがすごいなと思って。ラジオってこんな思い切り泣いちゃっていいんだ、みたいな。とにかく一週間の面白かった出来事を一慶さんなりにしゃべってくれるっていうのを、個人的にしゃべっていただいてるみたいなありがたみを感じながら聴くようになりました。完全にその頃は、こういう仕事いいなって思うようになってましたね。一慶さんのしゃべりって特徴があるから、真似しやすいんですよ。だからその頃はほとんど小島一慶さんみたいなしゃべり方をやってました。

三宅　小島一慶さんを聴いて、ようやくアナウンサーになりたいと思うわけですね。

吉田 のちにアナウンサーになってから一慶さんとお会いすることがあって、お宅にもお邪魔させていただくぐらいよくしていただいて。小島さんが亡くなる半年前ぐらいに、偶然僕の番組へ来てくださったんですね。その頃はもうあんまり放送の仕事はやってらっしゃらなくて、俳句をお作りになってました。小島さんの句集をいただいたっていうのが最後の思い出かな。だから僕にとっては小島一慶さんとの出会いがなければ、この道には行かなかったですね。

アナウンサーになれたことがゴールではなかったとすぐに気づかされた（吉田）

三宅 小中学校では、しゃべるほうじゃなかったんですか？

吉田 全然、全然。小学校五、六年の頃は放送部には入ったんですけど、別に大した

9 小島一慶　元・TBSアナウンサー。『パック・イン・ミュージック』『一慶・美雄の夜はともだち』などを担当。テレビではドリフターズの人形劇『飛べ！孫悟空』の案内役などをつとめた。

ことをやるわけじゃないもんね。

三宅 「下校の時間です」みたいな。

吉田 そんな程度ですからね。

三宅 しゃべるっていうことで、落語研究会とかは？

吉田 落研はね、全然頭に浮かんでこなかった。落語っていうものが遠い存在だったから。なんか僕にとっては、落語がちょっと勉強に近く感じちゃってて。

三宅 テレビのアナウンサーになろうとは思わなかったんですか？

吉田 ラジオですね。ラジオで深夜放送をやりたいっていうのは、その頃の非常に偏った願望でした。でも局に入って、新人アナウンサーが「深夜放送やりたいです」って言うのは、「君、まだそんなこと言える立場じゃないよ」的な圧みたいなものがありましたね。最初はニュースとかスポーツ実況をやって。やらせてみたら全然できないから使いものにならなかったと思います。たまたま相撲が好きだったんで、相撲の支度部屋情報を入って二年目ぐらいからやらせてもらって。それが結構キツい仕事でね。朝、取材とか行っても、顔なんか知られてないから、いちいち名乗ってもあんまりいい対応してくれない。だから、アナウンサーは結構キツい仕事なんだなっていうのは、そこで実感しました。でも、それは結果的によかったと思いますね。

学生の時は会社に入ったら、それでゴールだと思ってますよね。でも、それがゴールじゃないことにすぐ気がつく。会社にはみのさんみたいな人がいるわけでしょ。すると、もう全然俺はこういう仕事やっちゃいけない人間なんだっていうことを本当に思い知らされた感じでしたね。

三宅 その頃のみのさんはスターでしたか？

吉田 そうですね。僕が入った時は落合恵子さんと土居まさるさんの二人とも局を辞めるタイミングで。落合恵子さんの『セイ！ヤング』[10]で短い深夜のニュースをやらせてもらって、それはちょっとうれしかったですね。何も原稿を見ないであんなポエティックなしゃべりができちゃう落合恵子って人はすげえな、みたいな印象でしたね。アナウンサーの同期は女性が五人で男は僕一人だったんですよ。女の子はすぐにアシ

---

[10] 『セイ！ヤング』　文化放送で一九六九年から九四年まで放送された深夜番組。土居まさる、みのもんた、落合恵子、吉田照美ら文化放送のアナウンサーや谷村新司、ばんばひろふみ、せんだみつお、笑福亭鶴瓶らがパーソナリティを担当。ニッポン放送の『オールナイトニッポン』、TBSラジオの『パック・イン・ミュージック』とともに深夜放送の全盛期を盛り上げた。

スタント役に決まるんですけど、男はなかなかね。僕は特にダメだったですね。

三宅 番組を持つまでにどれぐらい？

吉田 最初は日曜早朝の流行歌手の方々が来られる三十分の録音番組でした。細川たかしさんとか岩崎宏美さんがデビューした頃で、そういう人たちとお会いできるんで、こういうこともやれるっていう感じでしたね。

三宅 感覚としては、しゃべるっていうことに対する考え方がもう全然違う？

吉田 違う違う。最初から全然違う。

三宅 僕は子どもの頃からクラスでうるさいほうだったんです。バカなことばっかりやってとにかく注目を浴びたいっていうね。そういうことは思ったことはないですか？

吉田 全然ない。まったくない。

三宅 それなのにしゃべる仕事を目指してた？

吉田 そうそう。ただ深夜放送みたいなことができれば、もう本望って感じでしたね。

三宅 でも女の子にモテたいっていうとこだけは僕と同じです（笑）。

吉田 そこはね（笑）。

三宅 何をやるにしても根底にそれがある。これは大事なことです。

自動車のボンネットに乗って洗車機に入る（吉田）

吉田 二十三歳で文化放送に入って、相撲の支度部屋情報を四年半ぐらいやらされて。当時、文化放送ではトピッカー[11]っていうラジオカーが走ってました。夕方の番組で、僕の大学の先輩で富山出身のアナウンサーの方がすごい人気者で。トピッカーで街に出て、隠しマイクをつけて、電車ん中でいきなり弁当を広げて食べるとか、ちょっとバカなことをやったりしてたんです。それを聞いて「あんなことやれたら面白いな」と思ってたら、その人がご家庭の事情で富山に戻るってことになって、その先輩の代打みたいな感じで僕がやらせてもらうことになったんです。結構バカなことをやらされました。そこでバカなことをやるっていうことは、面白いことなんだなってようや

[11] トピッカー　七〇年代に登場したラジオカーの愛称。乗用車をベースとした中継車で、街の人びとの生の声を伝えるため、文化放送だけでなく全国のラジオ局がこのような中継車を走らせていた。若き日の吉田照美もトピッカーに乗車し、外中継のリポーターとして活躍した。

くわかりましたね。まともにいっても、たぶんアナウンサーで生き残れないだろうなっていう切羽詰まった思いが、入ってからずっとあったわけですよ。

三宅 そういう体験をすることで、いろいろ勉強になったわけですね。

吉田 まあ、そうですね。僕がやったのは、今は絶対にできないと思いますけど、目隠しして全裸でタオルを腰に巻いて、マイク持って女湯でインタビューするとか。

三宅 (笑)。

吉田 すごいよね。当時、アナウンサーの桂竜也[12]さんが『夕焼けワイド』って番組をやっていて、結構大人の番組だったんですよ。表に行ったヤツがバカなことやるから、その対比でちょっと面白さが出るみたいな感じで。

三宅 なるほど。その対比で面白いことになるっていうのは、ディレクターが考えるわけですか?

吉田 ディレクターと作家で。

三宅 そこで「これやれ!」って指示が出される?

吉田 そうそう。結構大変でしたよ。ディレクターの中にも、子育てがあるから早く家に帰りたいとかで仕事をしない人がいるわけ。とにかく早く帰りたいから、いい加減でネタも決めなくて、「アナウンサーさん適当に何かやって」みたいな感じで。作家もノッてる時とノッてない時があるし。ネタがない時は、七分ぐらいの枠を自分でなんとかしなきゃいけないわけでしょ。もうめちゃくちゃですよ。それでヘタこけば、アナウンサーの大先輩の桂さんから大目玉食らわされるだろうし。そんなプレッシャーの中でやったのも、あとから考えればためになったなとは思いますよね。

三宅　その風呂でのレポートとかが、「吉田、面白い！」という評判になって？

吉田　普通の人がやらないような変なことやってるからね。自動車のボンネットの上に乗って、洗車機に入って洗車してもらったこともありましたね。危ないよね。何かあったら大変だったと思いますけどね（笑）。

三宅　ラジオだからできたのかもしれませんね。

吉田　そう、それ。テレビで同じことやっても逆に全然ダメだったかもしれませんね。

三宅　新しいことをやるって、バカにされるか、ウケるか、その線が本当に難しいで

12　桂竜也（けいたつや）　元・文化放送アナウンサー。一九七二年から十年間、夕方ワイド番組『桂竜也の夕焼けワイド』のパーソナリティをつとめた。

すよね。

吉田 ちょうどその頃、ラジオ的には、久米（宏）さんの「隠しマイク作戦」[14]というのが一世を風靡してまして。もう久米さんがすごいんですよね。神業的に隠しマイクをうまく活かして、ラジオを聴いてる人、その現場にいる人も巻き込んで、面白い展開を作るわけです。

三宅 久米宏さんがそんなことをやってたんですか。

吉田 永六輔さんがスタジオで、マムシさん（毒蝮三太夫[15]）と、一慶さん、久米さんが表回りでしたから。僕の中ではあの番組はラジオの教科書ですね。

三宅 例えば、どういうところが印象に残ってます？

吉田 まず久米さんは必ず聴取率調査みたいな感じで、デカいマンションみたいなところに行って、「今ラジオを聴いてる方、手を振ってください！」と言うんです。そうすると、聴いてる人がベランダから手を振って、その様子を久米さんが実況するんです。もうそれだけでこの番組スゲエっていうね。久米さんの対応がまた上手だから、状況悪い時でもうまく適当にやれちゃうんですよ。これはすごかったですよね。

陰のキャラがバカをやるほうが爆発した時はすごい（三宅）

三宅　吉田さんは、バカみたいなことや面白いことを人前でやるような人だったんですか？

吉田　そういうことをやるのはイヤでしたね。道歩いてる人にマイク向けて話すことも。こちらが大きな声を出すだけで、みんなが注目するわけじゃない？　それが最初

14 久米（宏）さんの「隠しマイク作戦」　TBSラジオで一九七〇年から七五年まで放送された『永六輔の土曜ワイドラジオTokyo』で、当時は若手アナウンサーだった久米宏が中継リポーターを担当。隠しマイクを仕込み、自衛隊市ヶ谷駐屯地などへ突撃取材を敢行した。15 毒蝮三太夫　俳優、タレント、ラジオパーソナリティ。俳優・石井伊吉として『ウルトラマン』『ウルトラセブン』の隊員役として出演する一方、友人の立川談志の誘いで『笑点』の座布団運びを担当。毒蝮三太夫の芸名は談志が名付けた。一九六九年にTBSラジオで『毒蝮三太夫のミュージックプレゼント』がスタート。毒蝮が商店や会社、工場などに直接出向き、観衆やスタジオとトークを展開する生番組で、毒蝮が親しみを込めて集まった観衆に発する「ジジイ」「ババア」の声は、番組おなじみの光景となっている。さまざまなワイド番組に内包される形で五十年以上も番組は続き、二〇二四年現在も『金曜ワイドラジオTOKYOえんがわ』内コーナーとして放送中。

はイヤでした。それに慣れるまでちょっと時間がかかりましたね。三宅さんは人に見られることは？

三宅 私は小さな頃からバカなことばっかりやってますからね（笑）。

吉田 だから、三宅さんはそこで十倍ぐらい先に行ってんだよね。俺は遅れてるわけですよ。

三宅 ウチは家族も親戚も芸能関係だらけなんですよ。叔父が芸者の置屋やってたり、叔母がＳＫＤで、ウチのおふくろは日本舞踊やってて。

吉田 じゃあ、全然平気だ。

三宅 そういう環境で育ちましたから。

吉田 ウチの周りにはそんな人いないもん。

三宅 ウチのおふくろは九人きょうだいの長女だったんですよ。正月になると、いとこや親戚とかが二十人以上集まって、「どこの子が一番面白いか」みたいな流れになって「裕司、なんかやってごらん！」って言われて。

吉田 そこで思うように結果を出してたんですか？

三宅 そうですね。なんか面白いことをやらないといけない環境でしたね。

吉田 それはすごいよ。全然環境が違う。三宅さんが「陽」だと、僕は「陰」でしたから。

三宅 でも、「陽」の人が目隠しで女風呂に入るより、「陰」の人がそれをやっちゃうほうが怖いですよね（笑）。

吉田 怖いよね。今だから話せますけど、実は目隠ししてても結構見えてるんですよ（笑）。

三宅 役者もそうですよ。「陰」の人が開き直って爆発した時のすごさ。小倉（久寛）がそうだったんですよ。最初のうちは大きい声が出せなくて。

吉田 それは三宅さんがちょっと指示を与えて、小倉さんが自分で気がつくわけ？

三宅 例えば、リボンの騎士が西部に来たっていう話で、最後に馬に乗って去っていく『シェーン』のパロディなんですけど。最後「シェーン、カンバーック！」みたいに客席に向かって「リボンの騎士、カンバーック！」って叫ぶんですが、小倉はそれできなかったんですよ。私が小倉を抱きしめて「気持ちを上げるんだ！」って言って、ようやく声が出せるようになったんです。

吉田 大変だったんですね。

無責任男と若大将を足して二で割った、学園のスターになりたかった（三宅）

三宅 先ほどからお話を聞いて、人前で話すことも恥ずかしかった吉田さんが、マイクの前で面白いことやったりするようになったっていうのが、面白いなあと思って。

吉田 そうなったっていうか、仕事をやっていく中で、こうやると人は面白がってくれるんだなってわかっていきました。さっきお話ししたアナウンス専門学校で自己紹介っていうのがあったんですけど、自分が自分のどこをわかってるか、自分のどこが売りなのかっていうのはまったくわからない。それを知るまでの時間が結構大変だったんですね。

三宅 これは面白いですね。小学校のクラスって必ずスターがいるじゃないですか。自分はそれだったんですよ。一年から六年まで、学芸会で全部主役でしたから。

吉田 それは自分で立候補するの？

三宅 担任がキャスティングするんです。「これができるのは三宅君しかいない！」

って。だから、ずっと人前で何かできるのが当たり前だったんですよ。

吉田 それで勉強もできたんでしょう？

三宅 勉強はトップクラスでした。それで学級委員で、リレーの選手ですから（笑）。

吉田 俺は運動神経全然ダメだから。三宅さんは、運動神経いいんですよね？

三宅 運動神経はいいですよ。

吉田 それが裏付けだ。僕が暗かったのは、運動神経がダメっていうのも大きな要素ですね。

三宅 そんな絶対的な自信を持って、大学卒業して、日本テレビタレント学院に入ったんです。そこからすぐにテレビに出られると思ってて。それこそとんでもないですよね（笑）。そしたら、子どもばっかりで、すぐやめました。

吉田 大人はいなかったの？

三宅 いないですよ。それで別の劇団に行くわけですけど、そこでもすぐ主役ですから。こんな調子だったんで、自分はできると思ってるから、芸能界に入ってから苦労するんですよ。芸能界ってすごいところで、これまでとはまったく違うから、そこで壁にぶつかるわけです。その挫折をどう乗り越えるかっていう。

吉田　三宅さんは笑いや芝居みたいなものをやりたいっていうのは最初から意識してた？

三宅　将来やりたいなっていうのはずっと思ってましたね。人にウケるっていうことをやりたくて。それで中学からエレキバンドやって、高校でニューロックやって大学でコンボジャズやって。高校から落研もずっとやってたんですよ。学園祭はスターですよね。落語をやって、着物着てドッカンドッカンウケて、終わると着物脱いで校庭に行って演奏してましたから。

吉田　それでモテてたんですか？

三宅　それがね、モテないんですよ（笑）。

吉田　いやいや、本当はモテてたんじゃないの？

三宅　いや、落語や音楽ばかりに一生懸命になって、ほかのことにまったく時間を割かなかったんですよ。それで笑いをやりたくて、大学卒業する時に喜劇俳優を目指すんです。

吉田　その時の喜劇俳優って誰になるんですか？

三宅　クレージーキャッツの植木（等）さん。あとは若大将シリーズの加山雄三さん。

大学生活は植木さんと加山さん、つまり無責任男と若大将を足して二で割った、学園のスターになりたかったんです。だから落語やって、バンドやって。

吉田 すごいな、すごい。植木さんの衝撃は僕もすごかったな。テレビにあんなにふざけてる大人が出てくるっていうのは、衝撃でしたね。

三宅 あんなに底抜けに明るい人はいないですよね。吉田さんはバカバカしいことをやって、ウケた時の気持ちよさみたいなことを感じませんでした？

吉田 いやいや、必死でしかなかったですね。めちゃくちゃやって、ようやく苦笑していただくぐらいの感じでしたね。

三宅 もし、吉田さんが落研にいってたら、ちょっと爆発したような感じはあったかもしれないですね。

吉田 そうですかね。

三宅 落研にも「引っ込み思案でしゃべることがヘタなんで落語研究会に入りました」っていう人がいましたよ。そういう人が、結構変なことを思い切ってやっちゃうんです。そうすると、ちょっと目立ったりして、意識が変わってきて、みたいなことはあったかもしれないですよね。外回りのレポーターで面白いことをやっていく中で、東大胴上げ事件で大きな話題となるわけですよね。

念願の深夜放送は絶望からのスタート。あえて反則した東大胴上げ事件(吉田)

吉田 それまで夕方の番組をやってて、「深夜放送(『セイ!ヤング』)やってくれ」って言われてすごくうれしかったんです。でも、冷静になると、水曜日の夜中ってタモリさんの『オールナイトニッポン』の裏。もう、喜びが一瞬にして消えちゃうわけ。どうやったって、どうにもならないじゃん。タモリさんの番組はめちゃくちゃ面白いし、どうしたらいいんだろうっていうのがまずあって。ただ夕方にああいうバカなことをやってきて、自分がやれることはもう限度があるけど、それしかないわけだから。結局、自分がバカなことをやって、ちょっとでも面白がってくれる人がいてくれればいいかなぐらいな気持ちで始めました。念願の深夜放送でしたが、絶望からのスタートでしたね。

三宅 東大での胴上げはどういう経緯でやることになったんですか?

吉田　まともにやってても、タモリさんに勝てるわけはないので、いわゆる反則することは考えてました。多少のことがあっても責任は自分が取ればいい、と。最終的にどこまでいけるかわかんないけど、人の迷惑にはならないっていう部分だけは守ろうっていうところでいろいろ考えて。何をしたら、ほかの媒体に取り上げられるかなっていうのがまずありました。発想は今で言うとユーチューバーですよ。当時マスコミがバッと押し寄せるのは東大の合格発表だと。そこに自分が受験生として紛れ込んでいれば、映り込めるかなと思ったわけです。それで合格発表当日に本郷の赤門のところに誰よりも早く行くわけですよ。ロープが張られてて、当時は軽トラックで合格者の番号が書かれた掲示板が搬送されて、セッティングされたら、ロープが落ちると。僕とサークルみたいな仲間がいて、真っ先に掲示板に駆け寄って「万歳万歳！」ってやって胴上げしてもらう。そんなことやってる人は誰もいないから、報道のカメラは全部僕を撮ってる（笑）。これで、もしインタビュー受けたらどうしようかなとは思ってました。受験生じゃないんだから（笑）。「受験生だ」って言っちゃまずいから「すいません、僕は受験生じゃなくて、ここでただ胴上げされに来ただけの人間です」っていうセリフを言うことだけをちゃんと忘れないようにして。案の定、そんなインタビューする人はいなかったんです。それはラッキーと思って。でも、とにかく新聞社、テレビ局、全部僕を撮ってましたよね。

三宅 （笑）。

吉田 それで、ほっとしながら四谷の文化放送に戻って。夕方のニュース見ると、民放でも僕は結構映ってる。一番すごかったのはNHKで、西沢（祥平）さんっていう眼鏡かけたニュースアナウンサーの方が「まずは今年の東大の合格者の喜びの風景からご覧ください」のあとに、僕が胴上げされてるVTRが流れた。「やったー！」ですよ。

三宅 すごいですね。

吉田 受験中の人とか、真面目な人は「そんなところでそういうことやるな、不謹慎だ！」って怒ると思うんですけど、やはり賛否両論だったんですよね。ひょっとしたら何か責任取らされちゃうかな、なんて思ってたら、結構援軍が現れまして。読売新聞夕刊のラジオコラムで、おそらく記者の人だと思いますけど「とかくマスコミっていうのは普段、学歴偏重主義は良くないとか言ってるが、なぜか東大の発表だけ取材に行く。そこをちょっと皮肉ってて、吉田がやってることは面白かった」といった内容の記事がまず出たんです。それから僕の大好きな永六輔さんが土曜日のお昼の番組で「隣の局の吉田って若いアナウンサーがこういうバカなことやってすごく面白かった」って言ってくれたんですよ。この二つで僕は救われた。だから社内的にも「吉田は変なことをやるヤツだ」っていう認識が定着して。たぶん、アレがあったおかげで、今日までこの仕事をやれてると思います。それぐらい威力がありましたね。僕にとって大きな力になったけど、逆にアレと比べちゃうともっと面白いことっていうのは……。だってアレより面白いことはもうやれないもん。そんなネタ考えつかないし（笑）。

三宅 落研に入らなくてよかった（笑）。ここで爆発したと。

吉田 そうですね。まさにアレでバズったわけです。

ニッポン放送をまるパクリした『てるてるワイド』でニッポン放送に勝つ（吉田）

三宅 深夜で話題になって、夜の『てるてるワイド』がスタートという流れですね。

吉田 とにかく当時の文化放送は何やってもダメだったんです。ニッポン放送の『大入りダイヤルまだ宵の口』[16]に勝てないし、TBSの『夜はともだち』[17]にも勝てない。いつも三番手にいるっていう状況で。『てるてるワイド』を作ったプロデューサーの林山さんという人が本当にすごい人で「これを打開するために、聴いた人がニッポン放送だと思うような番組をやる！」って、プロデューサーとして作家にもディレクターにもお触れを出した。

三宅 すごい！（笑）

吉田 当時の文化放送は、コーナーのタイトルも割とおとなしめだったんです。それを若い人の食いつきがいいように、まずクイズでお金がもらえる「ノッケからマルモウケ」っていうコーナーを番組の最初にもってきて。昔はそういうタイトル、コーナーは文化放送では生まれなかった。ニッポン放送的だから。あとは全部パクリなんですよ。

三宅 （笑）。

吉田 TBSで中村メイコさんが女の子の初体験をじっくり聞くっていう番組をやってたんで、結城モイラさんっていう占いをやられてる女性にそれの短いバージョンを毎日やっていただいて。「バスルームより愛を込めて」ってコーナーでは、女の子にお風呂で裸でしゃべってもらって、最後に体の一部をパチッと叩いてもらい一万円プレゼントっていうのをやってました。

三宅 番組のコーナーは他局のパクリだったんですね。

吉田 パクリです。あとは番組ファミリーとして、マッチ（近藤真彦）とよっちゃん（野村義男）をぶんどったんですよ。どういう政治かよくわかんないけど、トシちゃん（田原俊彦）はニッポン放送に取られて。とにかくトシちゃんは絶対に文化放送にはゲストに来ないし、マッチとよっちゃんもニッポン放送には行かない。

三宅 トシちゃんは『ヤンパラ』に出てましたからね。

吉田 ニッポン放送みたいな番組作りを目指して、ジングルも騒々しく、おしゃれじ

16『大入りダイヤルまだ宵の口』　一九七五年から八一年までニッポン放送で放送された夜の生ワイド番組。長年この時間帯トップの聴取率をほこったが、『てるてるワイド』の人気により番組は終了。三年後の八四年に『三宅裕司のヤングパラダイス』でふたたびニッポン放送が聴取率首位に返り咲く。17『夜はともだち』　一九七六年から八二年までTBSラジオで放送された生ワイド番組。開始当初は『パック・イン・ミュージック』で人気の小島一慶、林美雄が日替わりでパーソナリティをつとめ、その後も生島ヒロシ、春風亭小朝、松宮一彦らが番組を担当。小堺一機と関根勤による人気ラジオ「コサキン」（当時、関根がラビット関根名義だったため「コサラビ」）はこの番組からスタートした。

ゃなくて、にぎやかにして、それで攻めたら半年で一番になっちゃって。それはもう快挙だよね。もう大騒ぎですよ。その勢いが三年半続きました。

三宅 真似されてトップ取られたら、ニッポン放送は頭にきたでしょうね。

吉田 真似したってことはいちいち言ってないけど、聴いたらわかるからね。「やられたな！」みたいなのはあったでしょうね。当時、宮本さんがニッポン放送のプロデューサーで、ウチの林山と張り合ってましたよね。隠しマイクを仕込んで、こっそりニッポン放送に入って実況したこともあります。当時はラジオ局も「おはようございます」って言えば、誰でも入れましたから。それを宮本さんがすごく怒ったらしいっていう。もしもどこかで宮本さんに会ってても俺のこと無視してたと思いますね。反則してる感じが嫌だったんじゃないかなぁと思います。

三宅 ニッポン放送の真似して聴取率で抜かれて、ニッポン放送に勝手に入ってきて実況までしてるわけですからね（笑）。

吉田 三宅さんがやる前の高原兄さんがやってる時には、ちょっとからかいの生電話をやったこともありました。

三宅 攻めてますねえ（笑）。

『ヤンパラ』は「ヤッちゃん」コーナーで『てるてるワイド』を抜き返した（三宅）

吉田 クラス全員ラジカセプレゼントみたいなこともやってたからね。一人がクイズに参加して正解すると、そいつのクラス全員にラジカセあげちゃうんだよ。すごいよね、今じゃ考えられない。テレビだってそんなことやらないじゃないですか。すごい時代ですよね。でも、いつまでこの状況でいられるのかなって戦々恐々でしたね。もう切羽詰まってる。

三宅 ニッポン放送は何年ぐらい『てるてるワイド』に勝てなかったんですか？

吉田 三年ぐらいですね。でも、三宅さんのヤッちゃんブームが来た時は、もうこれはダメだなと思った。あれはヤッちゃんってネーミングしたところがすごいよね。

三宅 ヤクザをヤッちゃんと呼ぶことで非常に愛される形になったんです。

吉田 あれは三宅さん的にいけるネタだと思ったの？

三宅 僕が実際に体験した話をラジオで話したら、リスナーからもハガキが来たんです。そこからコーナーにしたら、ヤクザじゃなくてもツッパってる先輩が恥をかいたシーンとかがどんどん来て。それが面白くて盛り上がっちゃって。

吉田 面白すぎる。それはすごいね。あのヤッちゃんブームはすごかった。最初はこっちもヤッちゃんが何だかよくわかんないんだけど、だんだんわかってくるわけじゃないですか。これはもうブームになってんだって。『ヤンパラ』は聴かないようにしてましたね。聴いたら、俺は余計にくじけると思うから。結果、『ヤンパラ』に抜かれるわけだけど、宮本さん喜んだでしょ？

三宅 もうニッポン放送の社内はお祭り騒ぎでしたよ。

吉田 そういうところがニッポン放送のすごいところなんですよね。文化放送はね、なんか番組、番組でちょっと壁がある感じ。だから、会社のことを全社的にワッと褒めてもいいと思うんだけど、そういうのはしにくい会社なのかな。ちょっと冷めてる。『ヤンパラ』に抜かれた時は誰も話題にしない。割と静かな感じでしたね。でも、最後のあがきでタイトルを『新てるてるワイド 吉田照美のふッかいあな』に変えるんですよ。とんねるずが入ってくれたおかげで番組的に少し活気は生まれたんだけど、首位に返り咲くまではいかなかったですね。

やる気ナシで受けた『やるMAN』。絶望がまた実を結んだ（吉田）

三宅　次は『やる気MANMAN！』で照美さんは昼の顔となるわけですね。

吉田　もうこれも絶望なの。僕としては仕事だから受けただけで、昼の時間って全然やる気ないわけ。また深夜放送やりたかったから。大学生とか高校生のちょっと上の方の人たちぐらいに向かってやりたいっていうのがずっとあって。昼の「働くあなたの文化放送」みたいなことは僕には全然響かない。働く人はラジオなんか聴かなくて働いていりゃいいじゃん、ぐらいな感じで（笑）。そこがまたニッポン放送のすごいところで、昼はもう鉄壁の今仁哲夫さんの『いまに哲夫の歌謡パレードニッポン』[19]が、誰がやっても勝てない相手なの。TBSも勝てないし、文化放送もいろんな人がやっ

[19]『いまに哲夫の歌謡パレードニッポン』　一九七六年から九三年までニッポン放送で放送された昼の生ワイド番組。メインパーソナリティはニッポン放送アナウンサーのいまに哲夫（今仁哲夫）。絶望の中のスタートとなった『やる気MANMAN！』だったが、九三年に『歌謡パレードニッポン』から聴取率トップの座を奪取する。

たんですけど、みんな討ち死にという状況。今仁さんは『オールナイトニッポン』からずっとしゃべってる方で。軽いしゃべりなんですけど、ちょっと毒もあって、知識も豊富で、とにかく面白い。こんな時間にぶつけても、一年で終わりだなっていう思いでした。

三宅 タモリさんの裏番組やった時と同じ状況だったんですね。

吉田 俺はまずは絶望から始まる。タモリさんだったり今仁哲夫さんだったりね。これはどうしたらいいかなっていう中で、『てるてるワイド』で水曜日担当だった中根義雄っていうディレクターがいるんですよ。この人がもう変な人でね、今は許されないでしょうが、自分の机の下に常に一升瓶置いてるような人で。彼もたけしさんが大好きでね。僕もたけしさんの『オールナイト』で衝撃を受けた人間でしたから。たけしさん的な放送ができたらいいねみたいな話もしていて。

三宅 あの頃はそうなっちゃうんですよね。僕も最初にたけしさんみたいな感じでって言われましたから。

吉田 やっぱりそうなんだね。彼とは波長が合って、彼がプロデューサーになって、普通は、昼は大人の働く人のための身になる情報みたいな番組を考えるんだけど、昼とか関係なく若いヤツに向けるのと同じバカなことをやっていこうっていうふうに舵を切ったわけです。でも、今仁さんには全然歯が立たない。たぶん、二、三年はダメな状態だったと思います。ある時、埼玉県の「むさしの村」っていう遊園地で『やる気MANMAN!』の生放送をやることになった。こんな遠くまで人も来ないだろうな、なんて思いながら行ったわけです。僕も図々しいほうだから始まる前にメシ食って寝てたら、ADくんが飛んできて「すごいですよ人が。めちゃくちゃ集まってます!」って。ゲストも誰もいないのに一万人ぐらい集まった。そんなことは「むさしの村」でも初めてだと。渋滞まで起こったぐらいリスナーの人が来てくれて。それはある意味事件だったですね。そのあたりから流れが変わってきて、高校野球の時期の聴取率調査で、ある曜日で一番になったりして。そうするとなんかだんだん変わってくるんですよね。

三宅 絶望がまた実を結んだわけですね。

吉田 いろんな事件も起こるんですよ。木村太郎さんが「こんなくだらない番組には出られない!」って、オンエア中に怒って帰ってしまった。その後、ずっと木村さんの悪口を言ってました(笑)。当時の峰岸(慎一)さんって社長が木村さんと同じ慶応出身で、もちろん面識があったんでしょうけど、「いい加減、吉田に木村さんの悪口言うのやめさせろ!」って。プロデューサー中根から「社長はそう言ってますけど」って言われたんだけど、余計に頭にきちゃってずっと最後まで悪口言ってました。『平成教育委員会』[20]の頃には、なぜか天本英世[21]さんもゲストに来て。「君はアナーキストというものをそんなふうに理解してたのかあ!」とか急にキレだして、俺は「はい」って言いながら、「これはおいしい」とか思ったり。生放送で人に怒られるのも面白いんだな、俺が怒られてるだけだったら問題ないのかなって感じでした。僕も気分が悪いと気分悪い感じでずっとアタマからしゃべってて、クイズかなんかで僕が負けたりすると「アッタマきた」とか言ってスタジオ出て帰っちゃったりとか(笑)。『やるMAN』って番組自体が、何があってもおかしくないっていうテイストの番組になっていきましたね。

三宅 帰っちゃうっていうのはわざと?

吉田 うん、わざと。

三宅 でも、気分悪い時は気分悪い感じっていうのがラジオパーソナリティかもしれないですよね。

吉田　今の時代はそんなことはもうできないですよね。

三宅さん、最終的には誰に向かってしゃべってますか？（吉田）

三宅　僕の中では吉田照美節みたいな、照美さんのしゃべりの型みたいなものがなんか残ってるんですよね。笑い声もすごい特徴的だし、印象に残るんですよね。長年かかってこういうしゃべりと笑い声とが出来上がったんだなっていうイメージはすごいありましたよね。

吉田　本人はそれがどんなものか、わかってないんですよ。僕は最終的には素人で終わるなっていう感じね。なんか完成形になって出たいとか思うんですよね。ある程度完成に近づく努力をして、番組に臨まないといけないっていうのは思うんですけど。

[20]『平成教育委員会』　一九九一年から九七年までフジテレビ系で放送された、ビートたけし、逸見政孝によるクイズバラエティ。[21]天本英世　『仮面ライダー』の死神博士役や岡本喜八監督作品の常連として知られる俳優。バラエティ番組への出演はほとんどなかったが、東京大学出身ということで『平成教育委員会』にレギュラー出演。

僕の場合、しゃべりに関しては特にできない感じがあって。要するに未完成でまあいいやっていう開き直りみたいなところですね。特に『やるMAN』の場合はね、そんな感じで終始してたかもしれない。

三宅 今回お話しする前の照美さんは全然違うイメージでしたね。もうしゃべりに関してては学生時代から放送研究会のエリートみたいなイメージでした。

吉田 本当に？　三宅さんは最終的には誰に向かってしゃべってる感じですか。マイクの前で相手がこんな人だと一番しゃべりやすいとかあります？

三宅 結局出身が舞台だから、やっぱり客席に向けて話すのが一番やりやすいですよね。

吉田 やっぱりそうなんだ。

三宅 僕はフリートークが苦手で。景山民夫さんからも「フリートーク面白くないよ」って言われて。

吉田 いつ言われたの？

三宅 『ヤンパラ』始めた頃ですよ。最初は景山さんも構成スタッフに入ってましたから。フリートークはたけしさんがすごすぎて。やっぱりそこと比べられちゃうから。

景山さんはたけしさんの大ファンだし、一緒に仕事してるから、たけしさんと一緒に仕事してる人からダメだって言われるのはなんか納得できちゃったんですよね。自分も全然ダメだと思うんですから。だから、フリートークをどうしようかなっていうのがずっと悩みで。だから逆にネタを演じるハガキ読みは絶対誰にも負けないようにしようっていう方向に行って、それがよかったんだと思います。

吉田 僕は人見知りっていうのが根本的な部分にやっぱりあって。ラジオを聴いてくれてる人には何人かは会ってるから、こういう人が聴いてるんだなって認識はもちろんあるんだけど。知識的にもお笑いの素養的にも自分と似てるような人を頭に描きながら、しゃべってるのが一番落ち着くかな、みたいなことをある時に思って。小島一慶さんが最後に番組に来られた時に同じ質問をぶつけたら、同じ答えだったんです。それはうれしかったですね。

三宅 それはすごい。最初に憧れた人ですからね。

吉田 まったくこっちのことを理解できないような人を頭に描けないもんね。

三宅 舞台に来る人はSETのお笑いが好きで観に来てる人たちだから、そこに向かってしゃべるっていうのはある意味同じかもしれないですね。吉田さんにとって、ラジオのリスナーとはどういった存在ですか?

吉田　よくハガキをくれる人は、イベントに来てくれたりするので、だいたい会うようになるんですよね。ああ、こんな感じの人が聴いてくれてんだなと。実際に感想なんかも言ってくれるしね。やっぱりラジオのリスナーの人って、テレビとは違って、中身にいきなり踏み込んで「あれ面白かった」「これはつまんなかった」みたいなことを言ってくるのがこっちとしては面白いですよね。テレビの場合だと「こんな衣裳着てましたね。なんか似合ってなかったですよ」みたいな感じだもんね。ラジオはいきなり中身だからね。余計な話はしない。僕のリスナーは男が圧倒的に多いんですよ。女の方が少なくて。今もたぶん五十代男性が核になってますね。三宅さんは女性ファンも多いんですよね?

三宅　女性ファンは多かったですけど、結婚してからは少なくなりましたね。結婚するっていうのをラジオで言って、結婚式が終わったあとの『ヤンパラ』でウチの奥さんと生放送に出たんですよ。

吉田　へえ、すごいことやったなあ。

三宅　リスナーの人たちに奥さんが「これからもサポートしてください」ってあいさ

つするわけです（笑）。

吉田 ニッポン放送はやらせるねえ、すごいな（笑）。でも、そういうのがいいんだよね。

ラジオはテレビとか舞台とかで失敗したことの言い訳ができる場所（三宅）

三宅 フリーになってから、テレビの司会とかもされてますけど、ラジオとはまったく違う感じですか？

吉田 テレビは外見に左右されますよね。テレビでラジオと同じような中身のことをしゃべると、僕の外見だと結構キツいことを言っているようにとられることが多い。だから、テレビであんまりいろいろなことは言えなくなっちゃった感じはあるかもしれないですね。

三宅 逆に僕はラジオの声が老けてるからよかったですよ。声がかすれてるから、ラジオ聴いてると声が割と年寄りっぽいけど、テレビに出た時に若く見えるって。そのギャップがよかったみたいですね。僕はちょっと童顔なんですよ。ちっちゃい頃と顔が全然変わらない（笑）。

吉田 ラジオはこれからもずっとやっていきたいですか？

三宅 ラジオはテレビとか舞台とかで失敗したことの言い訳ができる場所なんですよね。そういう場はあるといいなって感じですね。

吉田 やっぱりラジオは、やるほうとしては一回やらせてもらっちゃうと、すごくいい場ですよね。やったことない人は、ラジオがそんなにいい場だっていう認識はたぶん持てないだろうけど。

三宅 いろいろなメディアをやらせてもらうようになって、ラジオは言い訳ができる場所だとわかってからは、ラジオはずっとあってほしいメディア、場所になりましたよね。

吉田 僕もラジオで失敗談を話すこと多いですよね。自分が苦労した話とかは、なんとなく共感を感じてくれる。サクセスストーリーはみんなそんなに聴きたくないね。やっぱりラジオは失敗談とか、情けない話とか、ちょっと愚痴的なものもなんか許してくれる、そういうところがいいなと思いますね。

三宅　年取った大物の人にインタビューすると、だいたい自慢話になっちゃうんですよね。

吉田　なんかラジオって、大上段に構えた発言とかはあんまり似合わないと思うんですよ。むしろ、ちっちゃい話のほうが、聴いてるほうも受け取りやすいし、喜んでくれると思いますね。

三宅　だから、「ヤッちゃん」の次にヒットしたのは「マコさま」。これが生まれたのは、天然のウチの女房の話からです。女房がガソリンスタンドで「マソリン　ガンタン」って言ってて（笑）。しゃぶしゃぶ食べ放題の店に夫婦で行ったら、芸能人だってことでちょっと高いメニューを持ってこられちゃって。それに対して女房がお店の人に「たべたべしゃぶ放題じゃないんですか！」って言い出して大笑いして。そこからできたコーナーなんですよ。ラジオはそういう身近な本当に面白い話がやっぱりいいんでしょうね。

吉田　リアルな話がいいんだよね。

三宅　「ヤッちゃん」なんかはその状況を思い浮かべた時に、テレビとかで映像で出しちゃうとひとつのイメージしかないですけど、ラジオだとそれぞれの人が思ってるヤクザ像が頭に浮かんで、もっと面白くなりますよね。

吉田 もっと多面的になる。

三宅 そうです。だから映像で出しちゃうと「あれ、俺が思ったのと違う」ってなるけど、ラジオはそれがないんですよね。

伊東四朗さんとのラジオは、先生と生徒みたいな感じ（吉田）

三宅 伊東四朗さんとのラジオはもう二十七年やられてるんですよね。

吉田 そのぐらいになりますね。日曜日の三宅さんもかなりやってますよね？

三宅 タイトルは変わってますけど、日曜日の朝は三十二年になります。伊東さんとのコンビはいかがですか？

吉田 伊東さんとお仕事をさせていただけて幸せだと思いますよね。僕は「てんぷくトリオ」で三波伸介さんとやってた時代から見てますから。でも、伊東さんがあんなにすごい人だっていうのはその時点ではわからなかったですね。映画監督の市川崑さんが朝日新聞で「てんぷくトリオの向かって右側の男が面白い」っていうようなことを書かれて、伊東さんがそれを読んでめちゃくちゃ喜んだっていう話があって、僕もその記事を読んでるんですよ。当時、三波伸介さんばかり注目されていたので、記事を読んで「そうそう！」って思ったのを覚えてますね。伊東さんがすごいのは記憶力がめちゃくちゃいい。自分で訓練してるのか、好きでやってるのかもしれないけど、円周率を千桁まで覚えてる。番組でリアルタイムで暗唱してもらったのをテレビの人が聞いてて、テレビの生放送でも成功してましたね。クラスメイトの名前も小学校、中学校、高校と全部言えちゃうとか。どうかしてんじゃないかなと思う（笑）。当時の英語の歌みたいなものも歌えたり、驚嘆することばっかりですよね。

三宅　でも就職試験は全部落ちたんですよね（笑）。

吉田　コネみたいの使ったのに落ちたんですよね（笑）。ところで、伊東さんと僕は、完全に先生と生徒みたいな感じでやらせてもらってますが、三宅さんは伊東さんのどの辺がすごいなと思います？

三宅　やっぱり伊東さんの舞台でのセリフとか表現はすごいと思いますね。初めてコント番組でご一緒した時に、伊東さんはリハーサルをやる時間がなくて本番だけなら行けるって言われて。ＳＥＴのメンバーを代役にしてあるコントをきっちり固めておいて、伊東さんが本番に来ていきなり撮ったんですけど、それがめちゃくちゃ面白かったんですよ。この共通する「間」は何だろうと思ったら、伊東さんが落語が大好きな方で、僕は落語研究会だったんで、お互い落語の「間」だったんですね。伊東さんが番組のレギュラーになって、そこからいろいろなことを教えてもらいましたね。

吉田　伊東さんが教えてくれるんだ。

三宅　例えば、伊東さんが洗面器で俺のことを殴る時。めちゃくちゃ痛いんですけど、速くて強くて間がいいから、痛くても笑えるんですよね。

吉田　でも、痛いんだ。

三宅　痛いですよ。

吉田　そういうことを実地で教えるわけですね。あと伊東さんはちょっとしたことに気づくのも好きですね。保険の「保」っていう字あるじゃないですか。口の下に「木」って書くけど、カタカナのホはここから生まれてるわけだから、本当はカタカナのホじゃないとダメだってもう本当に腹を立てて、めちゃくちゃ怒ってるんですよ。伊東さんのそういうところが好きですね。「他人事」も怒られた。「たにんごと」じゃなくて「ひとごと」って。辞書を見ると両方あるんですけどね。誤用もだんだん認められちゃうんだけど、伊東さんは許さない。

三宅 ただ芝居の上で「たにんごと」って言ったほうが適切な設定もあるんですよ。

吉田 そりゃそうですよ。

三宅 でも、伊東さんは許してくれない。

吉田 伊東さんのそういう頑固なとこはいいですよね。

吉田照美が三宅裕司の芝居に出る日が来る……かも!?

三宅 伊東さんと照美さんの番組では政治や社会問題とかも取り上げてますよね。

吉田 今の世の中をタモリさんが「新しい戦前」って言いましたけど、それをみんなが「鋭い!」「すごい!」って反応したのは、今の日本はまだ救いがあるのかなっていう気がするんですよね。ウチの親父は自分で志願して、少年兵として人間魚雷の職工になったんです。でも胸を病んで、親父は生きて帰ってこれたんです。今の日本の動きや、戦争をやりたい政治家の人はずいぶんいるんだなっていうのを実感すると、ああいうものを作る国になっちゃうっていう恐れを感じてしまいますね。だから、マイクの前に立ってる人間としては、それにはあくまでも抵抗したいっていうのは一番ありますね。

三宅 X（旧Twitter）が出てきてからだいぶ変わってきましたね。いろんな知識が得られますし、フェイクを見抜く力も必要となってくる。ハガキ、FAX、メール、Xと、リスナーとのやりとりも変わってきましたよね。

吉田 ラジオとXの組み合わせっていうのは非常にいい感じになってますよね。今しゃべったことの反応をXでリツイートするみたいなことを生放送中にもやれちゃうっていうのは、昔じゃ考えられないですからね。言ってくれたことに「いいね！」を押すっていうことは、その人とのやりとりですからね。面白いと思いますよね。ラジオは聴いてる人たちとしゃべりで共有してる空間だから、あんまりとんがったことを言う人っていうのは意外と少ない感じはしますよね。ラジオはある程度わがままやっていいよ的な、リスナーの赦（ゆる）しみたいなものが充満してるところがあると思います。

今後もし三宅さんと一緒に何かやるとしたら、やっぱりラジオしかないかもしれないね。だって俺は芝居はできないんだから。

三宅 芝居なんて誰でもできるんですよ。「熱海五郎一座」でやってる軽演劇みたいな芝居は個人のパーソナリティの面白さでやっていけるんで。だから吉田照美の役で出れば「熱海五郎一座」は面白くなりますよ。

吉田 お芝居上手な人って表情がすごいよね。三宅さんの最近のコマーシャルでもお父さんがなんか言いながら微妙な顔するじゃないですか。あんな顔ってどうやって作るのかなと思うわけ。あれはワンテイクで決まったんですか？

三宅 あれは一発で。ただ俺は気に入ってないんですよ（笑）。

吉田 俺すごい気に入ってるんだけど。

三宅 よかった。こういう話を聞くと救われるんです（笑）。

吉田 僕はよくああいう表情ができるなと思うわけよ。「同じ表情しろ」って言われたら、またできるわけでしょ？

三宅 そうですね。

吉田 それがすごいと思う。

三宅 芝居でダメな人は稽古場で活字を覚えるんですよ。僕は稽古場で気持ちを覚えるんです。相手のセリフを言われた時にどういう表情をするか。気持ちで何か言うと、だいたいセリフの言葉になるんですけど、活字だけを覚えちゃうと気持ちがあとからになるから、同じ表情はできないんです。その辺はずっと訓練してるといろんな気持ちのリアクションの表情っていうのができるんですよ。そんなことも伊東さんから学ぶわけです。

吉田 なるほどね。すごい、すごい。

三宅 今日、照美さんのお話聞いてたら、照美さんのキャラクターは文化放送に合ってたのかもしれないですね。

吉田 うん、ニッポン放送に入ってたら俺はつぶれてたかもしれない（笑）。

三宅 落研も入らなくてよかったですね（笑）。

対談を終えて

いやあ、面白かった。てっきり照美さんは子どもの頃からおしゃべりでアナウンサーになったのかと思ったら、そうではなかった。持たざる者みたいなところからラジオスターになったっていう歴史は本当に意外でした。しゃべりに関しては未完成と言ってましたが、力を抜いて、頭で計算してプロの素人っぽさを出す、そのすごさみたいなのを照美さんから感じましたね。『てるてるワイド』快進撃のポイントが全部ニッポン放送の真似だった話は初めて聞きました（笑）。

×宮本幸一

三宅裕司の人生を変えた『ヤンパラ』は、僕の人生も変えてくれた番組

一九四九年、東京都生まれ。東京理科大学工学部卒業後、ニッポン放送に入社。放送技術部に配属されるが、のちに制作部へ異動。一九七五年から「オールナイトニッポン」のディレクターとして、笑福亭鶴光、あのねのね、中島みゆきを担当。一九八三年に『ヤングパラダイス』を立ち上げ、大ヒット番組に育てる。その後、編成局長、専務取締役をつとめ、二〇一五年に退任。同年、ニッポン放送プロジェクト代表取締役社長に就任、取締役相談役を経て、二〇二一年に退任。

『ヤンパラ』の立ち上げで新人を探している時に、三宅裕司と出会った（宮本）

宮本　この対談は本になるっていうので、今日は「三宅さん」って呼ばせてもらいますね。

三宅　そんなに気を使わなくても大丈夫ですよ。宮本さんのやりたいように、好きにしゃべってください。

宮本　どこから話そうかな。やっぱり出会いから話しましょうか。

三宅　ＳＥＴの公演を観に来たのが最初ですかね？

宮本　そうです。一九八三年の三月、場所は新宿シアターモリエール、演目は『不完全殺人事件』でした。今でもよく覚えているのが、三月とはいえ外が寒くて、ドアを開けて劇場に入った途端、メガネが真っ白に曇ったんですよ。そのくらい、すごい熱気だった。曇ったメガネを拭いて、舞台の上を見たら。上下とも白の衣裳で、激しく動き回っている探偵・丸越万太（まるこしまんた）[1]がいたんです。その印象が強烈でね、新しい時代の笑いの旗手が現れたって、本当にそう思いました。

三宅　東京喜劇というのは、まずはカッコよくスマートに出てきて、そのあとズッコケて立ち回るっていう、その落差がいい。SETでそれを最初に体現した役が丸越万太なんです。

宮本　もう四十年以上経っているけど、僕にとっての三宅さんは、いまだに丸越万太の印象が強く残ってますよ。そのお芝居で完全に魅了された僕は、次の日さっそく三宅さんの事務所、まだアミューズに入る前の、フィルム・イレブンという会社に、代表が旧知の出口（孝臣）さんだったこともあり、電話して、今企画している新番組に起用したいから三宅裕司に会わせてほしいって言ったんですよ。前々から三宅さんとSETの噂は耳に入っていたし、評判通り、実際に観た芝居も鮮烈だった。当時、高原兄さんの『ヤングパラダイス』を始めるタイミングで、いろんなコーナーを立ち上げるために、新しい人を必死で毎日探していたんです。そこにピタリとハマった。そ

1 丸越万太　SETの第一回公演から登場する、三宅裕司が演じる探偵の名物キャラクター。その後の本公演でも「名探偵・丸越万太」として何度もシリーズ化されている。

れで、SETが出演するコントコーナーを作りたいっていう話をしました。

三宅　それが高原兄さんの『ヤングパラダイス』の中で始まった「SET劇場」ですね。

宮本　そうです。『高原兄のヤングパラダイス』が始まったのが一九八三年の五月で、番組スタートと同時にコーナー企画として「SET劇場」も始めました。生放送だったので、三宅さんを中心にSETのメンバーに五分くらいのコントを生で演じてもらって。

三宅　ニッポン放送でコーナーを任されたのはあれが初めてでした。

宮本　あの頃、SETのメンバーって何人くらいいましたっけ？

三宅　三十人くらいだったと思います。

宮本　そんなにいましたか。その中から、多くても五人くらいでしたよね、「SET劇場」に出ていただいたのは。

三宅　そうですね。ラジオで演じる笑い、コントをできるっていうのはうれしかったなぁ。

宮本　ラジオの魅力はなんといっても生なので、その即興性を売りにしたものを、コーナーでもやりたかったんですよ。

三宅 演じるのは生ですけど、台本はありますからね。だからすぐにできたんだと思います。

宮本 生コントの内容は三宅さんにお任せしていたので、事前に台本を読んだ記憶はないんですよね。舞台ではなく、音だけのラジオであることは意識してましたか？

三宅 もちろん頭ではわかっていましたけど、特別に何かしたってことはないですね。面白い設定があって、セリフがあって、あとは効果音も使えるなっていうくらいで。

宮本 けっこうシュールなネタが多かったんですよね。ほかのコーナーと並べるとSETのショートコントはエスプリが効いていて、個人的にも楽しみなコーナーでした。

三宅 ほかにどんなコーナーがありましたっけ？

宮本 コンちゃん（ブラザー・コーン）[2]が出るコーナーがあったり、まだ大学生だったいとうせいこう[3]さんにもコーナーを担当してもらいました。

---

[2] コンちゃん（ブラザー・コーン） 一九八三年にブラザー・トムと音楽デュオ「バブルガム・ブラザーズ」を結成、九一年に「WON'T BE LONG」が大ヒットした。

三宅 まだみんな若い頃だ。

宮本 若いし、まだほぼ無名ですよね。

三宅 で、その「SET劇場」をたまたまニッポン放送で打ち合わせ中だった高橋幸宏さんが聴いてくれて。

宮本 『ヤンパラ』とほぼ同じタイミング、一九八三年の四月に『高橋幸宏のオールナイトニッポン』が始まっているので、『ヤンパラ』の放送時間がちょうど打ち合わせの時間だった。

三宅 そこからSETが『高橋幸宏のオールナイトニッポン』のレギュラーに決まるんです。ここでSETの知名度がグッと上がりました。

とんねるずでも出なかったOKが、三宅裕司で出た（宮本）

宮本 『高原兄のヤングパラダイス』が始まってしばらくして、こういうことはあまり言いたくはないけど、事実だからしょうがない、番組がうまくいかなかったんです。

これはもうコーナーのテコ入れとかではなく、パーソナリティを交代するくらい番組の全体を変えないといけないってことで、代わりのメインパーソナリティを探すことになったんです。名前はちょっと言えないけれど、オーディションをした中には、のちに大物になる俳優さんやミュージシャン、そして、とんねるずもいた。

三宅 宮本さんは、とんねるずを推してたんじゃなかったでしたっけ？

宮本 そうです。とんねるずは、番組のパイロット版まで録音して、当時の制作部長に聴かせたんだけど、ＯＫが出なかった。そのあとも、再度パイロット版を録らせてもらったけど、どうしても部長のＯＫが出なくて、お二人には申し訳なかったけど、これはもう違う人じゃないとダメなんだなって思いましたね。しかも、同じタイミングで直属の上司の副部長も別の候補を出していたので、ここで自分のキャスティングが通らないと、番組に情熱が持てない。その時、頭に浮かんだのが、三宅さんだった。

三宅 十分間のコントコーナーをやっているだけなのに、ずいぶん大抜擢ですね（笑）。

3 いとうせいこう　講談社の社員として『ホットドッグ・プレス』などの編集者を経て、退社後はタレント、ラッパー、作家などマルチに活動するクリエイター。ニッポン放送では学生時代に『タモリのオールナイトニッポン』のＡＤや『高原兄のヤングパラダイス』で中継レポーターをつとめた。

宮本　いや、「いける！」と思ったんですよ。「三宅裕司でいけ！」って神様が教えてくれてるってね。それでさっそく三宅さんのパイロット版を録音して、その時に話してくれたのが、のちに「恐怖のヤッちゃん」になるエピソードだった。

三宅　え!?　パイロット版で話しましたっけ？

宮本　話してましたよ。

三宅　そうか、そこでもう話してたんだ……。

宮本　そのヤッちゃんと遭遇した話は抜群に面白いし、メインパーソナリティとしての新鮮さも十分だったので、自信を持って部長のところへプレゼンしに行ったら、あれだけOKを出さなかった部長が、一発OKをくれたんです。

三宅　僕の運命が変わった瞬間ですね。

宮本　それで、テーマソングから何から全部をリニューアルして、一九八四年の二月に『三宅裕司のヤングパラダイス』が始まった。

三宅　あの、僕の……どんなところがよかったんでしょう？（笑）

宮本　もちろん、パイロット版だけですべてを見抜いていたわけじゃないから、のちのち改めて感じたことではあるけれど、ひとつは、笑いの基本であるボケとツッコミが両方できること。一人で笑いを作り出すことができる。これは強いですよ。やはり学生時代に落語をやっていたことが大きいですね。もうひとつは、笑いを演じられること。演技のできるラジオパーソナリティって、そうそういない。三宅さんは役者だから最初から演技ができた。「ヤッちゃん」がわかりやすい例だけど、三宅さんは、脅かしてるヤッちゃんも、脅かされている一般人も、両方を演じられる。だから映像がなくても、リスナーはラジオの声を通して絵を浮かべることができる。これは唯一無二です。

三宅 演じることに関してはずっとやってきたことだけど、フリートークはできなかったでしょう? それこそ、最初の頃は（ビート）たけしさんみたいに突き放したトークをしなきゃダメだって、よく僕に言ってましたよね。

宮本 言ってましたね（笑）。でも、途中から言うのやめたんです。無理にやらせてもよくないなって。だから『ヤンパラ』は、ラジオの基本である、番組のオープニングはフリートークという構成にはせず、コントから始まるようにしたんですね。

三宅 苦手なフリートークで始まるより、得意なコントで始まったほうがいい、そういう配慮でしたたか。

宮本 冒頭にコントがあって、コントのオチがついて、笑いが起きたところで番組のタイトルコールっていうね。

三宅 当時はコントから始まる番組なんて珍しかったですよね。

宮本 なかったと思いますよ。そういう変わったオープニングも新鮮でウケたのかもしれませんね。

「どうか『てるてるワイド』に勝てるまで、結婚は待ってくれ」(宮本)

三宅 『ヤンパラ』の深い話をする前に、その頃のニッポン放送が、文化放送『吉田照美のてるてるワイド』に苦労していた話も聞かせてくださいよ。

宮本 その話ね。まず、ニッポン放送で夜の番組といえば、高嶋秀武さんが初代パーソナリティをつとめた『大入りダイヤルまだ宵の口』という番組があって、これがずっと首位だったんです。高嶋さんが番組を降りたあと、何人かの局アナがパーソナリティを引き継ぐんだけど、その間に文化放送で『吉田照美のてるてるワイド』が始まって、気がついたら圧倒的な差をつけられて負けてしまった。しかも、それがもう何年も続いていたんです。その頃、僕は昼の番組なんかを担当していたんだけど、当時制作部長だった亀渕昭信さんに呼ばれて、「宮本、夜をやってくれ」と。その時の僕の使命は、ライバルの『吉田照美のてるてるワイド』に勝つことだったんです。

三宅 勝つために指名されたんですね。

宮本 生意気にも、僕はやるからにはスタッフから何から自分の好きなようにやらせてほしいと条件を出して、会社に承諾してもらいました。許しが出たからには好き放題やるぞっていうので、スタジオをアメリカの西海岸をイメージして黄色とピンクとブルーに塗り替えました（笑）。『ヤンパラ』を立ち上げるにあたり、原宿にショップがある「クリームソーダ」[4]という人気ブランドの山崎眞行さんにお願いして、「マイクストロベリー」という番組のキャラクターを作ってもらって、Tシャツやトレーナーとかのグッズ展開もして。今考えるとハチャメチャなんだけど、とにかくカッコよ

[4] クリームソーダ　一九七六年に山崎眞行が原宿にオープンしたロカビリー中心の古着店「クリームソーダ」を前身とする、同名のファッションブランド。取り扱うブティック「ピンクドラゴン」とともに原宿のファッションカルチャーを牽引した。

くしたくて、アメリカ西海岸風の番組にするんだ、ってな感じでね（苦笑）。

三宅 でもスタジオの壁まで塗っちゃったら、ほかの番組でも使うでしょう？（笑）

宮本 真面目な人生相談の番組でも使ってましたからね。もちろん、会社中からクレームがきましたよ。結局、人生相談の番組は別のスタジオに移りました（笑）。

三宅 西海岸風の相談番組にはならなかったんだ（笑）。

宮本 クリームソーダで番組のアロハシャツも作ってもらって、『ヤンパラ』が始まる初日、みんなで着て記念撮影したんだけど、三宅さん、覚えてる？

三宅 それは高原兄さんの『ヤングパラダイス』が始まる時ですか？

宮本 そう、月曜アシスタントだった原田知世ちゃんとかコンちゃんも集合して、三宅さんも写ってますよ。

三宅 覚えてないなぁ。

宮本 そんなこんなでやりたいことをやったけど、正直うまくいかなかった（苦笑）。そこでメインパーソナリティを三宅さんに交代して、再起を図ったんです。

三宅 とはいえ、いきなり『てるてるワイド』には勝てなかったんですよね。

宮本 勝てなかったですね。三宅さんの『ヤンパラ』は、まず「恐怖のヤッちゃん」

のコーナーが人気になりました。そこから、三宅さん自身の知名度も上がってきた。正直、僕は新しい時代の到来を感じましたね。新しい笑いを生み出すパーソナリティだって。それが開始から半年くらい。リスナーからのハガキも増えて、手応えもあった。当時、聴取率調査は三か月に一回、年四回あったんですが、もう二回目の時点で勝てるかもしれないっていう実感がありました。でも、勝てなかった。

三宅 それまで『てるてるワイド』は何年も一位だったんですもんね。

宮本 それである時、僕はお酒が飲めないから、あとにも先にもこの一度だけだと思うんだけど、三宅さんと二人で夜ご飯を食べに行って、二人きりで話したんです。細かい内容は覚えてないけど、ひとつだけ覚えているのが、そこで三宅さん、「僕、結婚するんですよ」って言ったんです。

三宅 へぇ、全然覚えてない（笑）。

宮本 だから僕は、祝福してあげたいのはやまやまだけど、「三宅さん、ちょっと待ってください」って言いました。「どうか『てるてるワイド』に勝てるまで待ってくれ、結婚で運を使わないで」って。

三宅 本当に？ そんなこと言いましたっけ？

宮本幸一

三宅裕司の人生を変えた『ヤンパラ』は、僕の人生も変えてくれた番組

宮本　言いました。はっきり覚えてますよ。

三宅　そうか……当時はたしか、事務所総出で僕の結婚を盛り上げようみたいな雰囲気だった記憶はありますね。

宮本　そこまで言った以上、僕も、三宅さんに結婚を早く実現してもらうため、自分の持てる運をすべて集中して『ヤンパラ』のことだけに全力を尽くしました。そして、忘れもしない、その年のクリスマスイヴですよ。十二月二十四日、ニッポン放送は毎年恒例の『ラジオ・チャリティ・ミュージックソン』という特番をやっていて、僕は銀河スタジオの前、三階のロビーで打ち合わせをしていたら、後輩のスタッフが駆け寄ってきて、「宮本さん、レーティング勝ちましたよ！」って。もう興奮してね。しかも数字を見たら、『てるてるワイド』の倍、圧倒的な勝ち方だったんです。これまでの人生で一番の達成感、オリンピックで金メダルを獲ったような気持ちでしたね。

三宅　それが僕にはわからなかったんですよね（笑）。数字といえばテレビの視聴率が頭にあるから、二十パーセントならわかるけど、ラジオは三パーセントとかだったから。

宮本　三宅さんはわかってなかったけど（笑）、社内中大騒ぎですよ。正直、勝てるはずないって思ってた人間も社内にはたくさんいたはずで。そこからの圧勝。社内がどよめいてました。

三宅 なんかパーティとかやりましたよね？

宮本 当然、祝勝パーティをやりました。記念にテレホンカードなんかも作ってね。

三宅 宮本さん、泣きながら配ってましたよね。それは覚えてます。

宮本 だって金メダルを獲った気分ですよ。そりゃあ泣きますよ。

三宅さんが番組で紹介するとブームになる。今でいうインフルエンサー（宮本）

宮本 吉田照美さんは覚えてないかもしれないけど、勝てなかった頃に、吉田さんは二回、僕にイタズラを仕掛けているんです。一回目は、会社に出社したら、「吉田照美さんからお届け物です」って言われて、あの吉田照美から……と思いつつ「寸志」と書かれた封筒を開けると、コピーした一万円札が入っていて、当時は聖徳太子だった肖像画のところに吉田照美さんの顔が描いてあるんです。そのお札が十万円分入っていて、「これで皆さん宴会でもしてください」みたいな意味だったんでしょうか。

三宅 番組の企画かなんかだったんですかね。

宮本 どうなんでしょうね。とにかく僕は悔しくて、絶対に勝ってやると思った。その数か月後、また吉田照美さんから届け物が来たんです。中身は恐山の石でした。

三宅 石？ なんで？ 恐山って、あの霊場で知られる恐山ですか？

宮本 そうです、その恐山の石。僕は堪忍袋の緒が切れて、何がなんでも勝ってやる、勝った時には真っ黒な薔薇を送ってやるって。

三宅 怖い怖い（笑）。で、勝った時に、黒い薔薇、送ったんですか？

宮本 いや、送りませんでした（笑）。僕が負け続けて悔しい思いをしたぶん、向こうも相当に悔しがっているだろうと思ったし、そこへ追い打ちをかけてもしょうがないなって。それより、悔しい思いが絶対勝ってやるってバネにもなったわけだし、勝利の喜びでそんな恨みも吹っ飛びましたね。

三宅 宿敵だった『てるてるワイド』に勝ったあと、プロデューサーとしては、次はどんな目標を持っていたんですか？

宮本 勝ったあとはもう、裏番組とか気にせずに、とにかく『ヤンパラ』をもっともっとグレードアップしていこうと思いました。番組の力で三宅さんを人気パーソナリティにすることができた、だから次は三宅さんの力を借りて『ヤンパラ』をブランド化していこうと。

三宅　それが番組特製ラーメンとか？

宮本　リスナーからアイデアを募集して、日清食品とコラボレーションしたインスタントラーメン「ヤンパラフル」ね。あれも売れましたね、即日完売。あるいは、番組一の人気コーナー「恐怖のヤッちゃん」の書籍化とか。この本はベストセラーになって、第一弾が三十三万部くらい、そのあと第三弾まで出て、累計九十万部近く売れました。そのうえ、東映で映画化までされて。監督はのちに『ガメラ』を撮った金子修介[5]さんですよ。

三宅　僕もヤッちゃんの映画は出ました。

宮本　あとは「ヒランヤ」ですね。三宅さんが番組で紹介して、一気にブームになっ

[5] 金子修介　日活に入社後、一九八四年に『宇能鴻一郎の濡れて打つ』で監督デビュー。『1999年の夏休み』のほか、特撮では『ガメラ 大怪獣空中決戦』をはじめとする平成ガメラシリーズ、映画版『デスノート』なども手がける。

た。当時ロールプレイングゲームが流行っていて、そういうことを番組の企画でやれないかなって考えて、実際にヒランヤを街のどこかに埋めて、二週かけてヒントを出して、リスナーに探してもらおうと思っていたら、二日か三日でバレちゃって（笑）。

三宅　王子の飛鳥山公園ね。

宮本　たしかヒントは「太陽の王子様が東を向いて微笑んでる」とかなんとか、適当なことを言ったと思うんだけど、それだけで勘のいいリスナーにバレちゃって。土日に何百人というリスナーが飛鳥山公園に行って、いろんなところを掘り起こしちゃったんです。

三宅　あれで宮本さんはだいぶ怒られたでしょう？

宮本　月曜日に会社へ行ったら、「宮本！　北区の区役所から電話がかかってきたぞ！」って言われて、すぐに折り返したら、区役所の公園を管理している部署の人から「一体何をやったんですか！」って思いっきり怒られました。それで、公園の管理事務所に飛んで行って、ひたすら謝りましたよ。ブルドーザーまで入っちゃって、修復工事が大変なことになってしまいました。参りましたね（苦笑）。でも実際、肝心のヒランヤはまだ埋めてなかったんですよ。

三宅 あ、そうでしたっけ。埋めてもないのに、掘り返しちゃったんだ。

宮本 そうです。そのくらい三宅さんの影響力はすごかった。今でいうインフルエンサーです。番組で何かを紹介した途端、それがブームになる。まだSNSの「S」の字もない時代ですからね。そうやってラジオからどんどん広がって、世間にまで影響を及ぼすような番組って、なかなかないですからね。

三宅 だから僕も初めてのラジオでしたけど、ラジオってこんなに広がっていくもんなんだって、びっくりしましたよ。

宮本 普通のラジオ番組だったら、あそこまでのことにはならないです。『ヤンパラ』はSNSそのものでしたね。

リスナーを連れて、首相官邸へ。その日の放送では首相が電話で生出演（宮本）

宮本 三宅さん、「中ちゃんの一日」っていうコーナー覚えてます?

三宅 覚えてますよ。当時の総理大臣、中曽根康弘さんの一日を伝えるコーナーね。

宮本　そう、新聞に載っている首相動静を三宅さんに読んでもらう。「ヤッちゃん」がヒットしたから、次は「中ちゃん」だって（笑）。今でこそ総理大臣がバラエティ的な番組に出ることもあるけど、当時は考えられなかった。それを『ヤンパラ』に出てもらおうと、中曽根総理の誕生日を祝うために、リスナーからのメッセージを届けて、生放送で総理本人と電話をつなぐっていう企画を考えたんです。総理大臣ともなると、内閣記者クラブはあるし、テレビでもＮＨＫを筆頭に順番があって、ラジオの若者向けバラエティなんてまったく相手にしてくれない。それでどうにか近づく方法はないか探って、まずはニッポン放送の報道に相談した。そうしたら、僕の大先輩につながりを持っている人がいて、秘書の方の連絡先を教えてくれたんです。さっそくリスナーに中ちゃん宛てのお祝いメッセージを募集して。番組に届いたメッセージは五百か六百通くらいあったんじゃないかな。

三宅　「中ちゃん、お誕生日おめでとう」とかだけじゃなく、「受験地獄をなんとかしてください」みたいな内容もありましたね。

宮本　総理の誕生日にリスナーからのお祝いメッセージを私設事務所に届けたら、受け取ってくれたのは秘書の中曽根弘文さんですよ。

三宅　総理の息子さんね。

宮本　それから数日後、メッセージを読んだ中曽根総理からなんと、僕宛てに直筆のお礼の手紙が届いたんです。

三宅　その手紙、番組の中で読みましたよ。

宮本　そこから中曽根総理になんとか番組に出てもらおうといろいろ画策した（笑）。四か月後、いざ出演が内定した時、なんと自民党本部が過激派に襲撃されて、放火される事件が起きちゃった。もうそれどころじゃなくなっちゃって、その時は電話出演の企画は流れました。それで、その翌年、今度は誕生日にリスナーの代表を首相官邸に連れてきてくださいってことになった。

三宅　すごいよね。一年越しの大企画だ。

宮本　前の年はメッセージを届けただけで終わっちゃったけど、今度は総理の誕生日に直接メッセージを受け取ってくれるっていうんですよ。若者へのアピールになると思ってくれたんだと思うけど、僕もリスナー何人かと一緒に首相官邸まで行って、番組宛てに届いた大量のメッセージを渡すことができた。テレビのカメラも連れてきていいっていうから、その日の夕方のニュースでも大々的に放送されて。そのあと、いよいよ夜の生放送ですよ。本当に中曽根総理大臣から『ヤンパラ』に電話が入った。

三宅 あれはびっくりしました。「ん？　電話？　誰から？」なんて言って。

宮本 まさか本物の「中ちゃん」とは思わなかった人もいたかもしれない。誕生日のメッセージ以外にも、「総理はどんな子どもでしたか？」とか「普段どんな本を読みますか？」とか、いくつか用意していた質問にも答えてもらって。いつもふざけたハガキしか来ないのに、その時だけは失礼のないように（笑）。

三宅 そこに至るまでには、裏で相当な苦労もあったでしょう。

宮本 だいぶ大変でした。

三宅 ずいぶん無茶なことも、いろいろやりましたよね。

萩本欽一さんからの誘いを断った唯一の人間、それが自慢だった（三宅）

三宅 時代の流れでいうと、僕は演じる笑いが一番得意だったけれど、『オレたちひょうきん族』が流行ったことで、芸能界が一気に変わりましたよね。演じる笑いよりも、アドリブや舞台裏、タレントの生き様を見せる方向になっていった。より生々しいものが求められるようになって。

宮本　僕は正直、最初は『ひょうきん族』の面白さが全然わからなかったんです。個人的な好みとして、役者の笑いやボケとツッコミのコントの笑いが好きだったから。でも『ひょうきん族』の半分アドリブみたいなコントや、スタッフまで表に出てきちゃう笑いは、当時たしかに新しかった。

三宅　作り込んだ演じる笑いでは絶対ドリフには勝てないので、『ひょうきん族』はああいう形になったんだって、前にたけしさんがおっしゃってましたよ。それで実は、当時僕も『ひょうきん族』に入るかもしれない可能性があって。事務所が売り込んだんです。でも結局、入らなかった。「今入ったらつぶされるぞ」って、マネージャーが『ひょうきん族』のスタッフの方から言われたみたいです。でも実際その通りだったと思いますね。

宮本　そんなことがあったんですか。それでいうと大将、萩本欽一さんから僕のところに連絡がきて、三宅さんを欽ちゃんファミリーに入れたいっていう話もありましたよね。それも結局お断りしましたね。

三宅　自分で劇団を持っている僕が、あの萩本さんとはいえ、誰かのファミリーに入るのはどうかなと思ったんです。SETの劇団員はどうするのかっていう問題もあるし。でも、お誘い自体はとてもうれしかったので、しばらく自慢にしてました。あの欽ちゃんからの誘いを断った唯一の人間だぞ、ってね(笑)。のちに萩本さんにもそのことは伝えました。

宮本　萩本さんの『欽ドン！良い子悪い子普通の子』はフジテレビの番組として一世を風靡したけど、あれはもともと大将がニッポン放送でやった番組がきっかけだったんですよね。『欽ちゃんのここからトコトン』というラジオ番組があって、ナイターオフの土曜日夕方に生放送していた。そのラジオ番組で生まれた企画が「良い子悪い子普通の子」。

三宅　「良い子悪い子普通の子」はラジオから生まれたんですか。

宮本　そうなんです。大将がフジテレビでやることにして大ヒット番組になった。ラジオから生まれた企画がテレビで大ヒットするってうれしかったですね。

ラジオだけに収まる才能じゃないことは、一番近くで見ていた僕が一番わかっていた（宮本）

三宅　おかげさまで『ヤンパラ』が人気になって、宮本さんをはじめ、スタッフのみんなは喜んでいたけど、僕は割と冷静だったんですよね。その後のことを考えると、テレビの世界でも、あるいは音楽の世界でも、まずはラジオで人気が出て、そこからさらに売れていった人たちがいるでしょう。僕も『ヤンパラ』のあとに始まった『テレビ探偵団』が結構な視聴率を取っていて、そのあと『三宅裕司のいかすバンド天国』も若者にブームになったりしてね。本当はテレビでも、作り込んだ演じるコントをやりたかったけど、それはなかなかできなくて、代わりに司会の仕事が増えていった。今聞くと大袈裟かもしれないけど、たけし、タモリの次は三宅だ、なんてことを言われたりもしたんです。

宮本　はい、そのくらいの空気は、はっきりありましたよ、本当に。

三宅　山藤章二[6]さんが僕のことを書いてくれたりしてね。第三の男は意外なところから出てきた……みたいなことを。それで自分も結構その気になるというか、オファーがあるなら、テレビの司会でもどんどんやっていくぞっていう感じになっていったんです。

宮本 あの頃、ニッポン放送のスタジオにはテレビのスタッフもよく来てましたからね。よく覚えているのは、日本テレビの庄司（文雄）さん。毎週のように『ヤンパラ』のスタジオまで来て、副調整室で生放送を見てました。

三宅 庄司さんは『いい加減にします！』のプロデューサーですね。『ヤンパラ』終わりで、三階のロビーで台本の打ち合わせなんかをよくやりましたよ。

宮本 ニッポン放送に限らず、ラジオ局の人間は、新しいパーソナリティの発掘だったり、次なるヒット企画を探すのに必死だったけれど、それはテレビのスタッフも同じでね。それこそ文化人の人たちもラジオに注目していた時代でした。新しいスターがラジオから生まれる予感みたいなのが常にあって、実際ラジオからいろんな流行や人気者が次々と生まれていった。その中に三宅さんもいたわけです。

三宅 なかなか自分では気がつかなかったけど、ほんと、その中にいたんですね。

宮本 僕はすごくうれしかったですよ、三宅さんがどんどんスターになっていくのを間近で見ることができて。ラジオだけに収まる才能じゃないっていうのは、一番近くで見ていた僕が一番わかっていたわけですから。こんなことをラジオ局に勤めていた人間が言うことじゃないかもしれないけど、ラジオは踏み台になったっていいんです。タモリさんだって、たけしさんだって、そうやってテレビの大スターになっていった。自分の担当した番組のパーソナリティが人気者になっていくことは、ラジオマンとしての誇りでもあります。だから三宅さんは、今でも僕の誇りですよ。

三宅　ありがとうございます。それで『ヤンパラ』が終わったのが、一九九〇年の三月でしたかね。

宮本　ですね。丸六年。長いような短いような。三宅さんがテレビのほうでも人気者になっていって、ある時、アミューズさんからそろそろ『ヤンパラ』を終わりにしたいって、申し入れがあったんです。その頃、僕はもうプロデューサーを降りて、制作から編成の部署に移っていたけれど、いい時に終わるっていうのが一番いいのかもし

6 山藤章二　ユーモアと風刺の効いた似顔絵で知られるイラストレーター。一九七六年から週刊朝日で連載した「ブラック・アングル」では、さまざまな政治家や芸能人を描き続けた。二〇二四年九月に逝去。

れないなと思って、編成の責任者として、番組の終了を決めました。

三宅　どんどんテレビの話が来てましたからね。『オールナイトニッポン』のような週一ならともかく、月曜から木曜まで二時間の生放送でしょ。それがだんだんキツくなってきて。

宮本　いい幕引きだったと思いますよ。ただ、帯の『ヤンパラ』は終わるけど、三宅さんには引き続き、ニッポン放送で別の番組を続けてほしいって。次はちょっと大人向けの番組を。

三宅　それで始まったのが、土曜お昼の『三宅裕司のどよ〜ん！』ですね。『ヤンパラ』が三月に終わって、四月にはもう『どよ〜ん！』が始まったから、余韻も何もなかった（笑）。

宮本　でも『ヤンパラ』から始まって今の今まで、四十年ですか、番組や時間帯は変わりながらも、パーソナリティとしてずっと続いているわけですもんね。

三宅　ニッポン放送に四十年通い続けています。

宮本　四十年って、ニッポン放送の歴史の中でも、最長じゃないですか？

三宅　でも高田文夫先生は四十七年っておっしゃってましたよ。

宮本　放送作家の時代から考えると、そのくらいになりますかね。でもメインパーソナリティということでいえば、三宅さんのほうが長い。やっぱり最長記録ですよ。

僕にとってラジオは、自分がやってみたいことでリスナーを楽しませる場だった（宮本）

宮本　三宅さんは『ヤンパラ』で人生変わったと思うけど、僕の人生も変わりましたよ。

三宅　そうでしょうね（笑）。

宮本　『ヤンパラ』の成功があったから、その後の、そして今の自分があると、そう思っているんです。自分で立ち上げた『ヤンパラ』がヒットして、メインパーソナリティも有名になってね、やがて僕は制作部から編成に移ることになった。現場の最前線はもちろん制作部だけど、編成というのは放送番組を統括する心臓部、24時間全体の設計図を描く部署。その設計図を現場に落とし込む、いわば最も重要なセクションと言ってもいい。そういう立場を任されるようになって、僕自身の仕事のフィールドも大いに変わりました。もちろん、三宅さんはもっともっと大きいフィールドへ出ていったわけですけど。

三宅 だから芸能界は、いや、芸能界に限った話ではないね、人生を変えるような人と、いつ、どこで、どのくらい出会えるか、そういう巡り会いが一番大切なんですよね。僕でいえば、三宅裕司というタレントをどう生かすか、それを真剣に考えてくれる人との出会いがあってこそ、ここまでやってこられたと改めて思いますよ。その最初の人が、宮本さんだった。

宮本 そう言ってもらえて、本当にうれしいです。三宅さんはフリートークが苦手だって、ずっと言ってますけど、逆に言えば、フリートークで毒を吐いたり、強烈なキャラクターでもってウケてしまうと、一時はいいかもしれないけど、飽きられるのも早いと思うんです。番組が長く続けばリスナーも世代交代しますから、そういう時に通じなくなってしまう。三宅さんの個性であり魅力は、やっぱり飽きさせないところなんですよ。時代や世代が変わっても、ちゃんと通用する。フリートークは苦手かもしれないけれど、安心できるキャラクターで、自然と会話の中で笑わせる、その個性がラジオパーソナリティとしてだけではなく、その後のテレビの司会者という仕事においても、むしろ功を奏したんじゃないかって、今になるとそう思いますね。

三宅 自然な会話の流れで笑わせるってことは、舞台でずっとやってきたことですからね。演じるほうが妙に緊張していたりすると、観るほうも笑えないんですよ。やっぱり演じるほうが楽しんでやってないと。そのうえで、一番いい間で、一番いい言葉なり動きなりを思いつくかどうか、その連続です。

宮本 台本があるとはいえ、そういった間だったりとかはアドリブのセンスが必要ですよね。それはラジオの生放送も同じ。

三宅 舞台の上で何が一番気持ちいいかって、役を崩さずにちゃんと笑いをとれた時なんですよ。セリフを忘れたり、何かトラブルがあっても、素に戻らず、役のまま回収して笑いにする、それが快感なんです。

宮本 三宅さんは、『ヤンパラ』でラジオのメインパーソナリティになる前から、舞台の上でそういった感覚を身につけていた。いや、舞台に立つ前、学生時代のジャズバンドや落研の頃から磨いていたんでしょうね。

三宅 もっとさかのぼれば、小学生よりもっと前から、親戚の集まりとかでも、そういうことばっかり考えてましたから。この話題は誰に言えば一番ウケるのか、みたいな。それがのちのテレビの司会の仕事にまでつながっているのかもしれません。

宮本　もう生粋のコメディアンですね。

三宅　最近のラジオについては、どう見ていますか？

宮本　やっぱり八〇年代と言わず、九〇年代と比べても、シェアはだいぶ落ちていますよね。当時のラジオは流行の発信源で、パーソナリティはインフルエンサーでした。ただ、これだけほかのメディアがどんどん増えて、楽しむコンテンツが溢れていると、その中の小さな一個にすぎなくなったのが現状です。

三宅　パーソナリティも、新人を発掘して育てるのがラジオだったけど、むしろ今は売れてないとラジオで番組を持たせてもらえないからね。

宮本　僕らの頃は、いかにまだ世に知られていない人を発掘できるかが勝負だったんですけどね。そこにこそ価値を見いだしていた。そういったチャレンジ精神はだいぶなくなりました。あとは、何かを仕掛けてやろう、というような企画も減りましたね。とりあえず、ずっとトークだけをしている、という番組が増えました。ディレクターやプロデューサーは、キャスティングはもちろんだけど、作家も一緒になって、そのパーソナリティだからこそ光る企画を考えるのが仕事でした。それが今は、パーソナリティにお任せの番組が多いなと思いますね。ディレクションとプロデュースをしていない。

三宅 ラジオはパーソナリティだけじゃなく、スタッフのものでもありますからね。

宮本 本当にそうなんです。僕にとってラジオは、自分がやってみたいことでリスナーを楽しませる場でした。自分がやりたいことにパーソナリティを巻き込んで、パーソナリティ自身も楽しめて、リスナーも楽しませる。パーソナリティが自分の番組から有名になっていくことも、ヒット企画を生むことも、根本にあるのは同じ。ディレクターやプロデューサーが〝自分〟の本当にやりたいことを真剣に追求していく。そうすればラジオはもっと面白くなると思いますね。

対談を終えて

いやぁ、ずいぶんと知らないことも多かったですね。というか、覚えてないことも多かった（笑）。そういう意味では、表に立つのは我々のような職業の人間だけど、その裏では宮本さんのような裏方の人たちが、苦労しながらたくさん動いてくれているんだなって、改めて感じました。対談の中でも言いましたけど、そういう自分のために動いてくれる人と巡り会えるかどうかが、やっぱり重要ですね。僕の人生を変えた一人が宮本さんで、僕も宮本さんの人生を変えた一人でもある。当時、生放送が終わると曜日ごとに違うスタッフたちと毎晩のように飲みに行っていたけど、宮本さんがお酒を飲まないっていうのもあって、当時は飲みに行ったことがなかったので、今回こうしてじっくりお話しできて、貴重な機会になりました。

おわりに

皆さんとたくさんのお話をするなかで、共通しておっしゃっていたのは、「テレビよりラジオのほうが難しい」ということでした。高田先生曰く「ラジオは人柄なんだ」という、まさにその通りだなぁと。それと「ラジオだからこそ、失敗談やみっともない話ができる」とも、皆さんおっしゃっていて、それがラジオの面白さであり、魅力なんですよね。

芸能界にいると、とくに芸人さんには、若い頃にヤンチャしていたからこその底力や根性みたいなことを感じる場面が多々あるのですが、私は決してそういうタイプではなかった。でも、伊東四朗さんの真面目っぷりをうかがって、道を踏み外さずとも、不断の努力によって、あそこまで立派な喜劇人になれるんだとわかって、安心しました。吉田照美さんも、ラジオ界では数々の無茶を繰り返してきた人ですが、よくよく話を聴くと、あれは真面目ゆえの過激さだったことがわかりました。これも、山藤章二さん言うところの「圧縮比」に通じる話ですよね。

ラジオ番組にも、時間帯や局によっていろいろなパターンがありますけど、結局はパーソナリティの個性が一番いいかたちで出せることが重要で、それが長く続ける秘訣でもある。テレビはある意味で調子に乗らないとできません。それゆえ、つい背伸びをしてしまいがちです。一方、ラジオは自然体こそが大切。よく考えたら、パーソナリティという言葉は、日本語で「人柄」ですからね。散々話をして、ごくごく当たり前のところにかえってきました。

この本は、一九八四年に始まった私のラジオパーソナリティ人生の四十周年を記念して作られましたが、同時に今年は、一九七九年に旗揚げした劇団スーパー・エキセントリック・シアターの創立四十五周年の年です。最後に残った劇団とラジオ、この二つが私の人生を支えてることを改めて感じました。いろいろな仕事を経験して、遠回りしたようにも見えるけれど、実はこの道こそが近道だったのだと、今なら思えます。舞台に立つのは体が動かないとできませんが、ラジオならもっと長くやっていける……かもしれません。

二〇二四年十一月　　　三宅裕司

三宅裕司ラジオパーソナリティ対談集

しゃべり続けて40年 今だから話せるナイショ話

発行日　2024年12月10日　初版第1刷発行

著者　三宅裕司
発行者　秋尾弘史
発行所　株式会社 扶桑社
〒105-8070
東京都港区海岸1-2-20
汐留ビルディング
電話 03-5843-8843（編集）
03-5843-8143（メールセンター）
www.fusosha.co.jp

印刷・製本　中央精版印刷株式会社

Printed in Japan
ISBN978-4-594-09879-7

三宅裕司

1951年、東京都生まれ。俳優、タレント、司会者。「劇団スーパー・エキセントリック・シアター（SET）」主宰。「熱海五郎一座」座長。ラジオ『三宅裕司のヤングパラダイス』（ニッポン放送）で中高生に絶大な人気を得、『三宅裕司のいかすバンド天国』（TBS）や『THE夜もヒッパレ』、『どっちの料理ショー』（ともに日本テレビ）をはじめ、数々の番組を盛り上げるマルチエンターテイナー。映画では、『サラリーマン専科』シリーズ、『結婚しようよ』（主演）、『釣りバカ日誌14』などで喜劇役者としての評価を得るとともに、『壬生義士伝』ではシリアスな演技が評価され「第27回日本アカデミー賞」優秀助演男優賞を受賞。現在もラジオ『三宅裕司 サンデーヒットパラダイス』（ニッポン放送）に出演中。

取材・構成／おぐらりゅうじ
モリタタダシ
アートディレクション／細山田光宣
ブックデザイン／鎌内 文
（細山田デザイン事務所）
DTP作成／小田光美
校閲／小出美由規
撮影／山川修一

協力
株式会社アミューズ
株式会社ニッポン放送

JASRAC出2408052－401